寻蝶记

李元胜 著

重庆出版集团 重庆出版社

图书在版编目（CIP）数据

寻蝶记 / 李元胜著 . —重庆：重庆出版社，2023.11
ISBN 978-7-229-17936-6

Ⅰ . ①寻… Ⅱ . ①李… Ⅲ . ①蝶－研究—中国 Ⅳ .
① Q969

中国国家版本馆 CIP 数据核字（2023）第 154069 号

寻蝶记
XUNDIEJI

李元胜　著

责任编辑：谢雨洁
责任校对：何建云
装帧设计：鹤鸟设计

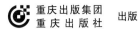 重庆出版集团
重庆出版社 出版

重庆市南岸区南滨路162号1幢　邮政编码：400061
重庆三达广告印务装璜有限公司印刷
重庆出版集团图书发行有限公司发行
全国新华书店经销

开本：787mm×1092mm　1/16　印张：19.75　字数：300千
2023年11月第1版　2023年11月第1次印刷
ISBN 978-7-229-17936-6
定价：88.00元

如有印装质量问题，请向本集团图书发行有限公司调换：023-61520678

目 录

01

武夷山寻蝶记

从武夷山机场出来，就感觉进了火炉，阳光明晃晃的。我眯着眼，好不容易才适应过来。走到停车场，很容易就和接我的江师傅接上头了。

江师傅出身桐木关的茶农世家，做得一手好茶，开的民宿是自然考察爱好者的据点。桐木关属于正在筹建中的武夷山国家公园，路卡多，管理严，怕江师傅担心，我上车就主动介绍说，我是办好了进山许可证的，此行是为生态环境部的一个科研机构做蝴蝶调查。

"蝴蝶呀，多得很。"江师傅笑了。

进山的路比想象的好多了。网上搜到的信息说这一带在修路，我运气好，路在前两周刚好修完。看着不断延伸的崭新路面，心里有一丝窃喜，对蝴蝶来说，新修的路散发出的气味简直无法拒绝，徒步见到蝴蝶的概率会更高……只是，武夷山正处连晴高温，这样的异常气候，会不会影响到蝶情？

到了桐木关，把行李扔到房间我就出门了，趁着夕阳还在，四处看看。光线其实已向上拉升到林梢，我所处的峡谷半明半暗，只有几缕光线，从山脊的缺口斜射过来，投在道路一侧的石壁上，吸引着此间的蝴蝶。它们在那一带你来我往，享受着今日最后的阳光。对一些老迈的蝴蝶来说，也可能是最后的阳光——我脚下就有一只死去的连纹黛眼蝶，颜色暗淡，但翅膀倒还完整。

斐豹蛱蝶、黄钩蛱蝶、散纹盛蛱蝶、连纹黛眼蝶……我挨个确认着飞着的蝴蝶，都常见。

喘了口气，收起相机，又去岩壁上寻找野花。忽地笑正逢花期，披散着黄金般的花瓣。地毯放低了身段，假装自己是草本植物，把花朵密密地铺满了山坡。终于有了发现，我在一处潮湿的石缝里发现一种苦苣苔科的植物，紫色花萼组成伞形花序，骄傲地从悬崖上探出头来。真好看啊，我推敲了一下，应该是我从来没见过的马铃苣苔，微信植物群里有福建的朋友发过它们的照片。

晚上没去山路夜探，和主人一起享受了关内传统的松香红茶，很早就睡了，我得养足精神开启一连几天的徒步之行。

马铃苣苔

代表山民耕作区的竹林和代表原始森林的树冠在空中相处融洽

一

次日8点，江师傅就带上我出发了，目标先锋岭。此时，阳光已经越过树梢，投射在道路上，勾勒出层次分明的写意画。车辆在变幻不定的写意画里行驶，一路上都能看到蝶翅闪动，让我保持着轻微的激动。

一路上我都忍住，没有叫停。反正今天的计划，就是在先锋岭附近观察后徒步下山，应该还有机会看到这些蝴蝶。

8：45，我们到达了先锋岭最高处，这是一个小山头，中间是一个眺望塔似的建筑，建筑大门紧锁，四周有脚手架包围，估计在维修中。

江师傅离开后，整个山头就剩我一人。我放下双肩包，取出相机，正准备搜索一下，就见正前方上面的树梢处，有一些黄金般的碎片在闪动——几只蝴蝶翻山而过，黑色的翅膀上有着明显的黄斑。

斑粉蝶！我在心里惊呼了一声。这是一个颜值惊人的家族，20多年来，我在各地共记录到七种斑粉蝶，与每个种类的初遇都让我激动不已。

可惜，它们惊鸿一样飘过，就不见了，不给我更多的观察机会。树梢上方，还有一些凤蝶在飞，没有要下到地面来的样子。我把视线收回到尚处在昏暗光线中的身边灌木，还是先找找眼蝶吧。

每次刚开始寻蝴蝶的时候，都发现自己的视力不够好，蝴蝶在被我的脚步惊起前，总是看不到它们。我总是需要半个小时左右的适应过程，而在一天徒步结束前，是我最敏锐的时候，能轻易发现隐藏得很好的目标。

今天又是这样，我的脚步在落叶堆积的一个角落，惊起了两片落叶——两只落叶色的蝴蝶，就从身边飞走了。反面昏暗，正面鲜艳，莫非是曲纹黛眼蝶？我咕噜了一声，沿着环形小路继续搜索。

在一丛竹林角落里，我拍到一只蒙链荫眼蝶（有新研究提出此种为黄荫眼蝶的夏型，本书暂不更新），如果不是蹲下来寻找窜进林中的一只灰蝶，还看不到它。暗自庆幸，这只和我在重庆常见的同种类略有区别，色型差异挺大。它翅膀上复杂的图案，像一幅棕色墨水绘出的深奥地图，似乎想呈现遥远的宇宙某处的景象。我蹲到双脚发麻，还舍不得离开，总觉得还没看够。如果我知道，之后的一个清晨，我会陷入这种蝴蝶的包围，我还会不会那么专注地久久注视？

在山顶转了两圈，除了一些常见的蝴蝶和昆虫，没有更多的发现。我背起包，开始一天的徒步。

才走了几分钟，一只急速来回飞动的硕大弄蝶就挽留住了我的脚步。这架"小型直升飞机"，有着极高的机动性能，一会儿拉升到树顶，一会儿又俯冲下来，能悬停，还能一个翻身停到树叶背后。它只让我观赏，不给我拍摄或确认种类的机会。观赏了十来分钟，我知趣地放弃，继续

蒙链荫眼蝶

往下走。

走完了盘旋下山的支路，来到贯穿整个武夷山国家公园的大路上。这条路从保护区科技楼出来，经过挂墩山路口、先锋岭路口、大竹岚路口再通往邵武。我把大竹岚留给后天，左转往科技楼方向（江师傅的民宿距科技楼不远），准备在这七八公里路上消磨一整天，路边全是美丽的山林，值得！

但是，但是……我走了好几百米，阳光已经完整地覆盖了路边，我的脸被晒得发烫，除了有几只灰蝶，我没有发现值得仔细观察的东西，刚才过来时蝶翅闪动的景象也不见了，这可是夏季的武夷山啊。

难道是反常的连晴高温，改变了蝴蝶们的行动规律，它们只在清晨的清凉中才来到大路上？我得改变策略，看看它们是如何避开烈日的。

这么一想，我就放弃了充满泥腥味的开阔的大路右边，去到大路的

黄须弄蝶

深山黛眼蝶（雄）

左边，那边有排水沟，总有从岩石中汩汩浸出的泉水，被收集到沟里。探头往沟里一看，乐了，原来它们躲到这里来了，沟里三五成群的，全是蝴蝶，非常安静地在那里吸水。我的突然出现，惊动了它们，它们四处乱飞，一片慌乱中，我认出其中一种是黑斑荫眼蝶。

来不及懊恼，因为还有一只胆大的弄蝶继续待在石壁上大吃大喝，给了我充足的时间拍摄。它中等大小，前后翅上都有半透明的白斑，就像在小小的翅膀上安装了毛玻璃窗子。这是我没见过的物种，有一种惊喜像滴进瓶子里的墨水，在我的快门声中欢乐地扩散向整个身体，直到里面的所有角落。

有水的人工排水沟里有蝴蝶，那么，那些从大路旁延伸而去的小路和溪流，才应该是寻找蝴蝶的最佳场所吧。

我决定加快徒步速度，在大路上快速通过，把时间花到那些充满阴

峨眉酣弄蝶

钩型黄斑弄蝶

凉和水汽的场所去。这个策略果然奏效了，在路边一个小水潭边，我再次发现了蝶群，当然，它们不是密集地挤在一起，而是分散在水潭四周，有的吸食潮湿落叶，有些在露出水面的石块上享受树林过滤后的阳光，有的，则驱赶着别的蝴蝶，为独享一小块鸟粪而战斗。

和刚才意外遭遇排水沟的蝶群完全不同，这次我是有备而来，我轻手轻脚缓慢地进入这个空间，几乎没有打扰到它们。我小心的原因有两个，一是接近蝴蝶需要如此，二是武夷山多蛇，夏季的水边也正是它们的最爱，没看清楚前不能贸然下脚。

轻松记录到七八种蝴蝶，可惜多数有点残破。最有观赏价值的，是那只在石头上发呆的深山黛眼蝶，翅膀新鲜完整，后翅的眼斑像一串带着光亮的菩提子，让人百看不厌。快离开时，又在一块石头的背面，发现了峨眉酣弄蝶、钩型黄斑弄蝶，它们在水花四溅的流水边聚精会神地吸水，那神情就像是在说：世界再大，我也只喜欢这一处；食物再多，我也只喜欢这一口。我的拍摄一点也没影响到它们。不知不觉，我在这个小水潭边待了40多分钟，非常忙碌而又惬意的40多分钟。

接下来的小岔道，都没有刚才的小水潭收获大。

快到正午的时候，我从一个小树林回到路上，眼见一只黄色的蝶如一片落叶，轻盈地听任重力的吸引，摇摇晃晃落到大路中央。一般来说，刚落的蝴蝶比较敏感，要等到它们进入贪婪的吸食状态后，才更容易接近。我停住了脚步，远远地观察着，看清了那里有一条"路杀"的蛇，几乎被来往车轮压成了蛇干。

等了几分钟，我觉得很有把握了，才慢慢接近。运气特别不好，我正要进入最佳拍摄机位时，一辆满载竹子的大货车轰隆而至，把我逼回路边，蝴蝶也在强大的气流中不见踪影。

黄帅蛱蝶

　　回放了远远拍到的几张照片，我不禁大吃一惊，原来这是一只黄帅蛱蝶，没想到南方的武夷山竟然有这货。黄帅蛱蝶的翅膀，是把黑黄两色的组合用到极致的伟大设计，很多年前，我在江津四面山首次拍到这种蝴蝶时，就对此赞不绝口。

　　我很不甘心地站了许久，仰着脸，希望看见这片神奇的黄叶再次从天空落下，但是，上面只有蓝天白云，不见蝶踪。

　　肚子"咕咕"叫了起来，我只好继续往前走，往右钻进了一条小溪边，在溪畔享用自热饭，也顺便清凉一下。

　　等自热饭熟的时候，又见到早晨出现在树梢的斑粉蝶，这次是单独一只，沿着溪流从山上往下飞，没有一点要停留的意思。我基本看清了它的特征，很像艳妇斑粉蝶，这是一种广泛分布的斑粉蝶，在福建能看到的应该是艳妇斑粉蝶广东亚种。溪边蝴蝶不多，只看到一些灰蝶和弄蝶，比较少见的现象是，竟然有几只天牛也飞到溪边来吃水，生活在树上的它们，也被晒得缺水了吗？我记录了其中的一只黑角拟瘦花天牛，不是为颜值，而是它就在我的脚边。

水流到山脚，小溪变得缓缓的

黑角拟瘦花天牛

华西箭环蝶

　　把垃圾打包好塞进双肩包，回到路上，继续徒步。前面不远处，有一小块黄色闪了一下，就不动了。黄帅蛱蝶！原来，那里也有一条"路杀"的蛇。这只黄帅蛱蝶吸食得很投入，只顾自己拖着长喙转来转去，根本不理我。我不介意，我只需要在欢喜中不断按下快门。

　　我已经走出原始林区，来到竹林和茶山范围。竹林是很多眼蝶的栖息之地，我找到一条竹林小径，走了进去，这是一条伐竹人的必经道，一会儿就有两位山民扛着长长的竹子路过，奇特的是，就在他们忙碌的脚步经过处，却有一只箭环蝶，飞起又落下。环蝶都是羞怯、敏感的种类，总是和人保持着足够远的距离。这一只却非常反常，我没有急着靠近，耐心地远远观察了一下，发现不只是这只箭环蝶，还有两只黑斑荫眼蝶和一只银灰蝶，也在那一带起起落落。原来，经过的山民踩碎了地上的落叶和野果，散发出了能吸引它们的气味。

　　不远处，还有一只奥倍纹环蝶，一袭旧衣，超然地停在蕨叶上，似乎对几米外的红尘生活失去了兴趣，只顾沉浸在自己的回忆中。

黑斑荫眼蝶

奥倍纹环蝶

银豹蛱蝶

歧尾鼓鸣螽

当我回到主路上，发现一只黛眼蝶很奇特，它的触角旁还有两根细长的丝线在舞动。我正在困惑，黛眼蝶飞走了，那两根细长的丝线还在原地。我好奇地凑近一看，忍不住笑了，一只螽斯正大摇大摆地横过公路，这是一只分布不算广的歧尾鼓鸣螽，刚才，它凑巧和蝴蝶的身影叠加在了一起。

不知不觉，我来到通往挂墩山的支路口，次日要完整走一遍的路。我有点好奇，也有点担心值不值得在这条路上开销一天的时间。

感觉体力尚可，干脆走进去摸摸底吧。

走了 200 米，就走不动了，这是开阔的茶地突然变窄的地带，右边还有一个瀑布式的流水处，只是水太小，只顺着岩壁汩汩而下。岩壁下的清凉，和外面的炎热形成了两个截然不同的国度，正是蝴蝶们避暑的好地方。

大致观察了一下，就看到被我的脚步惊起又落下的李斑黛眼蝶、银豹蛱蝶，还有几只弄蝶在空中窜来窜去。没有急着出手，我很有耐心地继续扩大观察范围，想看看还有无更有价值的目标。突然，我的心狂跳了几下——岩石上的那只更小的黛眼蝶，正是我苦寻多年的重瞳黛眼蝶！这种蝶后翅最大的眼斑有两个瞳点，非常奇特。我在重庆江津的四面山，三次相遇，三次失之交臂，未能记录到它清晰的影像。没想到，在千里之外的武夷山见到它了。而且，它如此安静，很容易就进入了我的镜头。

重瞳黛眼蝶

当天的徒步有 18 公里，我不觉得累，毕竟是充满兴奋和惊喜的一天。晚餐后，发现不远处有人灯诱，忍不住提着相机去围观了一下，顺便记录了广泛分布在我国南方的越中巨齿蛉和雌性的平齿奥锹。

越中巨齿蛉　　　　　　　　　　平齿奥锹

二

　　早上 8 点过，江师傅就把我送到了挂墩村，一路曲折陡峭，但似乎路并不长。

　　挂墩可是个在生物圈大名鼎鼎的地方，据我的好友，福建自然摄影高手大护生介绍，武夷山是近千种模式物种产地，而最为集中的就是挂墩。19 世纪，法国博物学家、神职人员阿尔芒·戴维德在此进行生物考察，发现了很多世界新物种。

　　和大护生讨论完，我突然想起，2021 年我在贵州十二背后旅游区拍到一种弄蝶，后来鉴定为挂墩弄蝶。人未到挂墩，和这名字已经在野外相遇了。

从挂墩村下山要经过一片竹林

曼丽白眼蝶

现在，我就在挂墩村里走着，身边有清澈溪水穿茶地而过。远处的环状高山，才是挂墩山的最高处。想起100多年前阿尔芒·戴维德也曾在此仰望，顿觉周围的树木和飞鸟有点虚幻。

我喝了口随身携带的茶，有点纠结要不要花两个小时去爬最高峰。把昨天寻蝶的经过梳理了一下，我决定放弃，连晴高温天气，还是到有阴凉的潮湿地带更有收获。我果断转身，穿过村庄，往山下走去。下山这三四公里，加上中间的小道，值得消磨一整天。

刚走到村口，一只灰白色的蝴蝶从我眼前飘过，落在沟谷里的茶地。我远远地拍了一张，确认是白眼蝶，立即把双肩包放到路边，提起相机纵身跃下。下面的茶地松软，

深山黛眼蝶（雌）

落地的感觉很舒服。连下三个平台后，白眼蝶已在眼前，我来不及调整呼吸，怕它飞走，先强行屏息连按快门，才伏下身子大口呼吸。等我再抬起头来，它已飞走了。

这是一只曼丽白眼蝶，今天第一次按下快门，就拍到从未见过的蝴蝶，不禁眉开眼笑。能果断地跃下追踪，得益于之前的资料准备，武夷山的白眼蝶，种类和我长期考察的大娄山脉白眼蝶区别很大，这一点我早已暗记在心。

往山下走，要先经过一片竹林。有流水的地方，我都去察看了一番，果然都有蝴蝶，挑选了其中的深山黛眼蝶拍摄，这是一只雌性，昨天见到的十几只，都是雄性，性别比例竟然如此不平衡。

走完竹林，阳光已经洒满路上，迷恋阳光的蛱蝶活跃

我轻悄地凑过去，成功拍到它的翅膀正面。

这是特别惬意的时刻，蝴蝶起起落落、近在咫尺，身边古木参天、悬藤苍劲，我情愿就这样守一整天。良久，想着前面还会有更多的奇异物种，才恋恋不舍地起身离开。

这一路数量最多的是连纹黛眼蝶，1公里的路有超过 30 只，可能和竹林有密切关系。说实话，它们对我寻找其他蝴蝶，形成了一定的干扰，

黄帅蛱蝶

连纹黛眼蝶

因为太吸引我的视线。它们的绝对统治到了一个拐弯处才算结束，别的蝴蝶开始增多，我受到的视觉干扰也减轻了。

这里有一个不大的平台，上下皆悬崖，被浓密的树林包围着。这种林中空地，本应该被蝴蝶偏爱，用视线扫描了两遍，却一无所获。我拾起一根两米长的枯枝，轻轻敲打平台上的灌木和草丛，果然有一只黛眼蝶、两只灰蝶受惊飞出。我紧盯着其中的一只灰蝶，直到它落到上方悬崖的藤条上。灰色翅膀上有着波浪形的粗条纹，这不是波太玄灰蝶吗？它的近亲点玄灰蝶，是城市里的常见灰蝶，连我家屋顶花园也能见到。但见到波太本尊就难了，它的寄主是马铃苣苔属植物，两天前我进山后看见过，岩壁上很多。我又抬头看了看此处的岩壁，果然，也有星星点点的马铃

波太玄灰蝶

尖尾黛眼蝶

苣苔的蓝色花朵。

　　前面这段路上，被车辆辗碎的野果很多，吸引了众多的蝴蝶前来享用，我目测到七八种，数量最多的是黑斑荫眼蝶，我不想花费时间重复记录，一边确认蝴蝶种类，一边慢慢往前走，并没有蹲下来拍摄。把我的脚步挽留下来的，是一只不同寻常的黛眼蝶，尾突尖长，在眼蝶中十分罕见。我怕惊飞它，弹开微单的显示屏，把相机直接放在地上，远远地拍了几张。才逐渐靠近，直到看清它棕色翅膀上的所有细节。不得不说，这是一只低调而又气质不凡的蝴蝶，称得上从挂墩下山后最有价值的偶遇。后来，蝶友帮我确认了种类，是非常珍稀的尖尾黛眼蝶。

斜带缺尾蚬蝶

11 点左右，我离开主路，拐进了一条很隐蔽的小路。进入的地方已被竹枝阻断，隐隐能看见小路通往一个山谷，谷底是一条溪流，这样的生境，我不敢错过，反复试探，终于从深过膝盖的杂草中绕过了竹枝阵，这才走了进去。

一只斜带缺尾蚬蝶，就像给我带路一样，每当我靠近，它就往前飞一两米，并不离开小路，我们同行了足足百米。大约 300 米后，小路消失，我来到溪谷中间，溪水只占据了谷底一小半，其余部分是长满菖蒲和其他野草的巨石，前后一

溪边的石头上全是落花

二尾蛱蝶

六点带蛱蝶

凤眼蝶

看，上有蓝天白云，下有秀丽溪景，还有比这更好的餐厅吗？

我把相机放在石头上，取下双肩包，在弄自热饭之前，先收集了一点带腥味的肥泥，涂在石头上，再泼水把石头浇湿。这样，我享用午餐的时候，还能顺便看看附近会有什么蝴蝶。

最先来到的是二尾蛱蝶，它们好奇心特别重，真是蝴蝶中的"社牛"，我在很多地方泼水诱蝶，最容易来的就是它们。然后就是一些灰蝶和弄蝶。有一只六点带蛱蝶只作了极短暂的停留，我第一时间放下饭碗，抄起相机，都没来得及，只在远处它的一个停留点拍到几张模糊的影像。

饭吃好了，蝶看完了，我还赖在那里没有动。最后索性以双肩包当枕头，在一块晒不到太阳却也干燥的平坦石头上睡了下来，都没拂去上面零星的落花，闭上眼，整个世界只剩下了水声。迷糊了一下，又突然全身一振，似乎有人在树林里喊我。我跃身而起，竖起耳朵……哪里有人，这空寂的山谷里，只有细声细气的鸟鸣。好神奇，这声音传到一个迷糊的旅人耳中，竟能声如洪钟。

我精神抖擞地背好包，沿着小路往回走，这一次，给我带路的是一只凤眼蝶，它和尖尾黛眼蝶一样，也有着尖尾突。这种极有观赏价值的眼蝶，在武夷山随处可见，不像其他地区那么罕见。

我继续抄昨天的作业，只要有潮湿沟谷或林中小道，都去走上一走，但是，我的好运气似乎在拍到尖尾黛眼蝶的时候用完了，连续错过了几只极好的目标蝶种。在一块滴水的岩壁上，为了获得更好的机位，惊飞了一只褐钩凤蝶——我曾经写过一篇文章，介绍自己在重庆寻找这种凤蝶的经历。在一条陡峭的石梯路上，惊飞一只在树干上吸食的黑紫蛱蝶，这是我首次在野外看到这个高颜值蝶种。后来在路上，又看到一只死去

黄豹盛蛱蝶

小溪景致不错

的它的同类，估计是在路面吸水时被车撞了。整整两个小时，我一无所获。

兴致倒也没太受影响，能看到它们，就已经能让我激动了。看到的体验，其实也不亚于得到清晰的影像记录。

下午四点前，我回到了前一天到过的拍摄点，此处仍然是蝴蝶纷飞的舞台，只是角色完全换了。

我本来想补上昨天错过的李斑黛眼蝶，但不见其影踪。经过短暂的筛选，我选中了在一块石头上大吃大喝的白缨孔弄蝶，它正娴熟地使用着弄蝶的绝招——一边用尾部朝鸟粪喷水，一边用喙吸回来，以高效的循环用水方式获得想要的微量元素。这场景，简直就是自带二两烧酒去吃席，不愁喝的，主人只需提供三斤牛肉就行。

光线正在减弱，我扩大了搜索面，走到一个土坡时，

白缨孔弄蝶

发现一棵树上挂满了胡蝉，数了一下，至少有七八只，可惜多数躲在枝叶后面，没法拍摄。我想从旁边爬上土坡，再用手机拍个蝉聚的照片，可惜脚滑了一下，脚下的藤条扯动了树，把胡蝉全惊走了。我蹲在坡上，保持一动不动，好不容易才等到飞回的一只，拍到一张特写。

起身，正准备跳下坡去，跨出的脚却赶紧收了回来，就在我脚边的树叶上，竟然倒挂着一只硕大的弄蝶，我刚才这么大的动静，胡蝉都飞完了，它竟然淡定地待在原处。重新蹲下身，正是我昨天没机会拍摄的绿伞弄蝶，没想到今天得来全不费工夫，估计它折腾了一天，已经到了休息的时候。

索性把下面的茶地和山林的过渡地带，彻底搜寻了一遍，结果又有意外收获，从草丛中赶出一只齿翅娆灰蝶来。娆灰蝶属是一个大家族，多分布于亚洲热带，奇怪的是，

胡蝉

绿伞弄蝶

齿翅娆灰蝶

我这个常在云南、海南热带雨林出没的人，还是第一次和它们打交道。好吧，交友不怕晚，有了这个开始，说不定以后见面的机会就多啦！我一边按下快门，一边这样想。

在无边际的旷野餐厅吃自热饭

三

今天的计划是徒步大竹岚，熟悉武夷山的圈内朋友，都说此地是武夷山的观蝶胜地，拥有武夷山种类最多的蝴蝶。

一大早，江师傅就骑着摩托，送我过去。接近先锋岭路口的时候，我叫停了一下，因为看见路边停着一只斑粉蝶，可惜下车的时候，它警觉地飞走了。又骑行了几百米，我再次叫停，翻身跳下车，让他自己回去。

"还很远哦。"江师傅提醒我。

"不要紧。"我坚持道，说完就蹲下身子，贴着路面往两边看。

我注意到道路两边的异样已经有一阵了，阳光还没照射过来，路沿上全是落叶，但不寻常的是，这些落叶都竖立着，似乎偶尔还动一下。现在从这个视角看过去，完全明白了，不是落叶，全是蝴蝶，全是蝴蝶！清一色的蒙链荫眼蝶！

就在蹲着的点位，我数了一下，已有30只以上。这几公里道路，低调地镶着多么奢侈的花边啊。

困惑中的江师傅，终于明白我为什么要提前步行了，大声笑了笑，说了句下午见，就调头回去了。

我在蒙链荫眼蝶中寻找着其他蝴蝶，发现了深山黛眼蝶和黑斑荫眼蝶，数量很少。道路两边的蝴蝶链条，几乎全由这一种蝴蝶组成。昏暗的光线，拍不出这奇特的场景，

大竹岚入口处的路标

我只能一边啧啧赞叹，一边轻快前行。

走到灿烂的朝阳中时，蒙链荫眼蝶的蝶阵终于消失了。几只灰蝶在灌木上起落，我拍到其中一只，是有点残破的燕灰蝶，很难辨认种类。

右边崖下全是竹林，左边山峰古木参天。大竹岚应该就在崖下。

就在此时，一只硕大的蛱蝶，从竹林中飞出来，径直落在不远处的路沿上。慢慢靠过去一看，我又惊又喜，原来是从未见过的一种翠蛱蝶。这一天的开局太好了，刚开始拍摄，就碰到新朋友。后来经蝶友鉴定，是黄翅翠蛱蝶，右边的前后翅都有点残缺，在我眼里，起落轻盈的它仍旧那么完美。

很快，我就走到了岔路的路牌前，按它的指示，右转往下。

时间似乎早了点，两边的竹林静悄悄的，并没看到蝴蝶飞舞，难道它们都飞到刚才的路上去了？

一只黄翅翠蛱蝶出现在路沿边

　　起床了，李老师要点名了！我挑了一根细竹竿，扯掉多余的枝叶，轻轻敲打沿途的灌木。

　　最先被我敲醒的是曲纹黛眼蝶，然后是彩斑尾蚬蝶，它们一旦从藏身地方飞出，立即转移到更高的地方。

　　一对交尾的大波矍眼蝶，本来倒挂在蕨叶下，被竹竿惊动后，其动作协调一致地翻转到了叶面上，就懒得再动了。一只新鲜，眼斑醒目；一只旧暗，眼斑模糊。镜头里，是很协调的老少配。

　　目睹它们移动的我，扔掉竹竿，举起相机记录下这难得的爱情场面。

　　一只黄色的蛱蝶，沿着路边的水沟往前飞，与我同向而行。我以为是散纹盛蛱蝶，这几天都时常见到的，没太在意。第二次再见到它时，才发现形体明显比盛蛱蝶大，我警觉起来，不再寻找其他目标，睁大双眼，专注追踪，不断缩小和它的距离。

一对大波矍眼蝶

婀蛱蝶（雌）

婀蛱蝶（雄）

它再次在路沿逗留时，完全看清楚了，翅正面赭黄色，后翅有三道黑色波纹——啊，又"解锁"了一种蝴蝶——婀蛱蝶！我忍不住高兴得跺脚。自从进入武夷山，就进入了不断解锁新蝴蝶的过程，每次解锁都能让我心里"咯噔"一下，仿佛在内心的幽暗深处，又有一道门被忽然推开，有一种神秘的舒畅和痛快。

这个区域一共有两只婀蛱蝶，都沿着路往前飞，看来是喜欢巡飞的种类。

十多分钟后，同样在路沿上，远远看到一只虬眉带蛱蝶，又觉得有点不对，虬眉带蛱蝶是黑翅白纹，而这只的纹路是土黄色的，而且形体也更大。还没来得及拍摄，它就飞走了，还好并未离开大路，只是一个劲地往前飞。我一路小跑跟着它，几个回合下来，终于拍到一张。一边大口喘气，一边回放仔细观看，不是我多次拍到过的虬眉带蛱蝶。后来翻阅资料，才发现它就是婀蛱蝶的雌性。雌雄异形的它们俩，还真不像是一对。

11点左右，已走完了下坡，来到大竹岚开阔而平坦的谷底。往右有两条岔路，一条大路，一条溯溪而上的小步道。前方有一个水库，我计划走到水库，顺便把沿途的岔路都观察一下，再挑选支路深入。只走了400米，发现一路无遮挡，烈日下这样走可不行，赶紧改变主意，调头复返，我最终选择了那条溯溪而上的步道。后来回忆到此深感幸运，我选择的是一条宝藏级的自然观察小道。

这个小山谷，幽静无人，景致优美。步道没有难度，缓缓向前延伸而上。才走几十米，就陆续迎面碰上一只翠蛱蝶、两只环蛱蝶，但均未停留。

回头望它们去处的时候，一只斑粉蝶飘然而至，掠过我的头顶，往前飞去。我没有追，这几天碰到的斑粉蝶，就从来没有停下来过。但是，这一只不一样，或者，是这条步道让它有点不一样。竟然，它在树下面的灌木梢上停留了。

几乎是本能的，我尽量脚步又轻又快地跟了过去，举起相机，透过枝叶的缝隙迅速锁定目标，匆匆拍了两张，它就飞走了。

这是进入武夷山三天来十多次偶遇之后，第一次拍到斑粉蝶的影像。仔细看了看，终于确认，每天飘过头顶的就是艳妇斑粉蝶。

拍到斑粉蝶，就像给我打了剂强心针，刚才暴晒得人都有点蔫了，现在又"满血复活"了。

状态恢复了，但是运气却不够好，接下来找到了十多种蝴蝶，我竟然只拍到黑豹弄蝶和锯带翠蛱蝶，其他的都失之交臂。最可惜的是忘记了重点搜索一处有流水的石壁，结果眼睁睁看着一只褐钩凤蝶振翅飞走，还把它带起的水珠泼到我的脸上。

在这条宝藏步道上，走了不到一个小时，我观察到的蝴蝶超过了20种。

锯带翠蛱蝶

艳妇斑粉蝶

黑豹弄蝶

小路溯溪而上，溪水清澈，
水流量略小

啡环蛱蝶

枯叶蛱蝶

毛刷大弄蝶

大型的金裳凤蝶，屈尊贴着溪流飞着。各种眼蝶与灰蝶凑在一起吸食摔落在地的野果，脚步未到，它们已一哄而散。灵敏的颠眼蝶，就在身边飞，但每次停留，不超过3秒。枯叶蛱蝶倒是安静，不管是在树干还是在路面上，都保持着一动不动。

我花了一些时间，和一只弄蝶斗智斗勇。它非常活跃，有时还绕着我飞一圈，却永远留在树叶的下面，我好不容易靠近并找到拍摄角度，它又开始了新一次飞行。三次无功而返后，我干脆定住身子看它游戏，终于发现了它的规律，有两处是它必停的。我改变策略，在其中一处较高的叶子下面守株待兔，把相机准备好，果然，没几分钟，它就飞了过来，自己闯进了镜头里。这是一只毛刷大弄蝶，也是我首次记录到的蝶种。

为了保存体力，已拍过的蝴蝶，能拍就顺便拍，不再穷追不舍。会晒到的地方，就走快点，绿荫下就走慢点。虽然有烈日，但这样走着没感觉到疲倦。直到前面的步道越来越陡峭，也无树荫遮挡烈日，我才转身折返。

大竹岚的溪谷

要是有可能，我真想每个季节都来这条路上走走看看，一定会有不同的蝴蝶出现。

12点之后，我离开道路，下到溪水边吃自热饭。洗脸洗手时，发现水里的物种也很丰富，除了虾和蜉蝣稚虫，还看到一条非常漂亮的无鳞鱼，可惜等拿着相机回来时，它已经不见了。

溪边还有两种悬钩子正在挂果，味道都还不错，我摘了一大把，洗净收好，准备在后面的路上用。

大约半个小时后，回到上方的道

悬钩子，种类丰富，是林中最安全的野果

下午在尖峰岭休息时拍到的轴甲

路，发现头顶的阳光不见了，乌云正快速地遮挡剩下的蓝天，身边树木摇晃，落叶纷飞。不好，要下雨了。我突然有些后悔，连续两天带了雨伞没用上，今天就没带，偏偏要下雨了。

也不能在山谷里避雨，这里没有手机信号，无法和下午来接我的江师傅联系。只有快速回到入口附近，那里有一个废弃的民居。

早上下山时，我花了一个多小时，优哉游哉，自在舒服。我在零星雨点中快步走完上坡路，一看表，用时竟然不到半个小时。等我到达大竹岚入口处，雨点没了，天空也明亮了很多。

距离下午4点江师傅来接我去邵武还有一个小时左右。想了想，来不及再下大竹岚了，不如去先锋岭瞭望塔附近碰碰运气吧。

在大竹岚溪边观察
水生昆虫

四

　　我去邵武本来是参加一个诗歌活动，东道主代表、邵武市一位女副市长，听说我在武夷山区泡了三天，便强烈建议我去看看武夷山南侧的龙湖林场，说那里是中国昆虫学第一营地，不比挂墩、大竹岚差。

　　我好奇地搜了一下资料，自阿尔芒·戴维德在武夷山考察后，龙湖林场等地也成为中国科学家的重要昆虫采集地，由此被认为是中国昆虫学第一营地。这名号是这么来的。

　　在主办方的支持下，两天后的一个清晨，我从邵武市内驱车来到龙湖林场。下车后，和等候我的林场工作人员简单交流了一下，谢绝了他们派出向导，选择名叫第一步道的一条林间小道，开始了一天的徒步。

　　这条小道左侧是一条小河，右为悬崖，生境好得超出我的想象。和武夷山巅的几日相比，第一步道的蝴蝶种类明显更多，也更方便观察。

　　步道在上一年的暴雨中发生过多处塌方，已不对外开放，工作人员千叮万嘱，让我小心避开塌方处，因为路基下面已经松垮。

　　刚走不到 100 米，我就在数种蝴蝶中悄悄锁定了一种不曾见过的带蛱蝶，它的前翅中室的一串白色斑点很不寻常。拍到却不容易，正是因为它活跃时，在距我不远处起起落落，每次停留时间极短。我在小道上来来回回，折腾了十几分钟，才得到满意的记录。回放时，才辨认出它就是雌性新月带蛱蝶。此蝶雌雄迥异，雄的有着醒目的新月斑，

新月带蛱蝶（雌）

寻蝶记

龙湖林场第一步道

我在野外多次拍到，雌的还是第一次见，也算有所收获。

一般来说，雌蝶更喜欢在寄主植物附近活动，我四处看了看，果然在道路右侧看到一簇簇盛开中的玉叶金花，白色萼片，花朵金黄色，正是它们的寄主植物。

其他的蝴蝶都常见，我顺便拍了一只自己凑过来的黑弄蝶，就继续前行了。

走了一段，发现有小路通往河边，我就好奇地下去看了看。如果有潮湿的泥土，在炎热天气中，应该是能看到蝶群的，观察及拍摄到凤蝶的机会更大。

但此处除了流水，就只有树下一口小水潭，水潭边有几只二尾蛱蝶，我蹲下观赏着它们，逆光中偶然看到一只赤基色蟌，是雄性，那一小团红色，在黄色滩石中特别显眼。

回到路上，发现前方树荫浓密，感觉是眼蝶们爱待的地方，就捡了根枯枝，沿途敲打灌木，但飞出来的都是各种色蟌，偶有弄蝶窜出。

赤基色蟌

黑弄蝶

继续坚持轻轻敲打，200多米后，终于，敲出来一个明星物种：蛇神黛眼蝶。它似乎并不惊慌，只是在我的敲打中换了个位置，居高临下，似乎想看看是谁在惊扰它。

放下枯枝，慢慢绕到它的正侧面，那里有一块石头，站上去正好获得绝佳机位，我舒服地拍到了它。

蛇神黛眼蝶有着茶褐色的翅膀，前翅浑圆，后翅外缘略有波状、亚缘六个眼斑排成列，第一个眼斑炯炯有神——我怀疑它的名字和这个比较突出的眼斑有关。

在光线相对暗的地方，蝴蝶的胆子似乎稍大些，接着，我毫不费力地拍到了弥环蛱蝶和生灰蝶，眼看时间临近中午，和林场的人约好了午餐时交流，时间不多了，只好折返。

回程走得快，看到不少颜值不错的蜻蜓和蝶，在其他地方拍过，都放弃了。不过，有一只傲白蛱蝶不可拒绝。它停在一个绝佳地点，林中的点射光刚好投在它的翅膀上，停留之处正是岩石边缘，我反复调整参数，

傲白蛱蝶

蛇神黛眼蝶

终于拍到想要的效果——镜头面对的是蝶翅的反面，但在光线的帮助下，正面的色斑也清晰地透了过来。不只是好看，一张照片里翅膀正反面的物种信息都有了。

吃饭的时候，工作人员详细介绍了来龙湖林场考察的自然科学家常走的徒步线路。除了第一步道，食堂后面还有一条上山的路，物种也非常丰富。

匆匆吃完饭，我补了一瓶矿泉水就兴冲冲地出发了。从林场建筑到后山那条步道，约有200米的开阔地，烈日如火焰舔着我的脸和肩膀，赶紧用冲锋衣把自己包裹起来以免晒伤。

从山上下来的泉水，直接流在步道上，有一段泥泞难行，这些泥泞还正是蝴蝶们喜欢的。我在它们中发现了一种陌生的翠蛱蝶，就蹲下来等候时机。如果太心急，一旦惊动，就再无机会。

果然，挡在它前面的一只宽带凤蝶不一会就飞走了。我远远拍了两张，想靠近再拍，它就飞走了。正在懊恼，突然发现旁边的草叶上还有一只，

弥环蛱蝶

略残缺，平摊着翅膀。为了拍到它，我得踩进更深的泥泞，只希望泥浆不会直接漫过鞋帮。拍到它清晰的正面后，低头一看，泥浆距离鞋帮只有几毫米，好险。

这是一只矛翠蛱蝶，分布于热带地区。经反复比对，我拍到的两只前翅都比较尖，同为雄性。

走完泥泞路，继续往前，路好走了，蝴蝶却稀少了。大约走了1公里，已经能看出这条路是渐渐远离小路蜿蜒向上的，前面越发干燥，在这个天气就远远不如第一步道了。果断转身折返，不如重走上午的路，把没来得及仔细搜索的下河的支路补上。

经过那段泥泞路时，我又拍到一种看上去很陌生的蛱蝶，仔细一看，笑了，原来是在大竹岚拍过的婀蛱蝶，这一只体形特别小，面对我的又是它的反面，一下子竟没认出来。

半个小时后，我出现在第一步道上，感觉全身清凉不少。

边走边筛选着目标，自己默念要克制要克制，路过的好几只蝴蝶，要是在其他地方，我会穷追不舍的，现在我都假装没看见，直接跳过。

生灰蝶

　　还是那段浓荫路，我盯上了一只弄蝶，感觉像襟弄蝶，比昨天那只毛刷大弄蝶略小，但是它们的习性一模一样，也是出来快速审几个来回，就躲回一片树叶下。

　　我俯身下来找它的时候，余光瞥见枝叶中有一对眼睛正盯着我。我本能地转头看过去，那对眼睛不见了。顾不得弄蝶，我站起身来，在那个区域四处查看，谜团终于破解了——一对正在交尾的黑丸灰蝶，刚才可能是水平状地停着，我的动作让它们落到了直立的草茎上。这两个小东西，连交尾的姿势都这么秀气。

黑丸灰蝶

矛翠蛱蝶

矛翠蛱蝶

我蹲下去，连呼吸都控制住了，生怕一呼气，就会把它们从草茎上吹落。

下午3点左右，我离开步道，沿着河滩往前走，想寻找水边的潮湿地带，看有没有吸引来蝴蝶。这是上午没来得及完成的。

走了百多米，来到一段河堤上，突然发现身后的远处，有一只蝴蝶在下方快速飞行，飞几米又调头返回，格外潇洒。定睛再看，哪里是蝴蝶，竟然是一只体形巨大的蜻蜓，在那里巡飞。

我扔下包，提着相机就跑过去了。怕错失良机，路上把对焦方式调到手动。它的背景是卵石滩，自动对焦不可能完成。当我进入有效距离，镜头立即跟着它飞速移动，不断抓拍。才拍了一组，它就飞远了。我检查了一下，十多张照片只有一两张勉强能看到特征。这就够了，照片传

婀蛱蝶

到网上被云南的蜻蜓专家张浩淼瞬间鉴定：中国最大的蜻蜓——蝴蝶裂唇蜓！

　　这是传说中的神物啊。蝴蝶裂唇蜓独占一个亚属：蝶裂唇蜓亚属，1927年由昆虫学家里斯发表，模式标本产自中国广东。犹如蜻蜓中的大熊猫，若干年来一直是全球昆虫爱好者和研究者的重点关注对象。龙湖林场这条小河的海拔和环境，符合它对栖息地的要求。而我误打误闯，进入了它的领地，来得全不费工夫。

飞行中的蝴蝶裂唇蜓

河边的蝶群

从第一步道很容易步行到小河边

回味着神奇的大蜻蜓，我继续沿着河堤往前走。前面一片潮湿，正是我想寻找的区域，很远就能看到蝶起蝶落，可能是有溪流在这里汇入小河。

最初看到的是青凤蝶群，主要由碎斑青凤蝶、宽带青凤蝶构成，偶有一两只二尾蛱蝶。可能连接在一起的石头能传递震动，我还没靠近，敏感的青凤蝶已集体腾空而起，只剩下孤零零的二尾蛱蝶继续大大咧咧地吸食。

空中的蝶群，盘旋几圈后，又会回到地上重新开席。刚吃几口，又莫名其妙集体腾空而起，进入下一轮盘旋。这种有点神经质的群舞，我还真没见过。没有太好机会，远远拍了几张就悻悻离开了。

又走了一段，终于发现一个更好的区域。蝴蝶不多，却各自安静吸食，一个个气度不凡。它们就像远离广场舞

宽尾凤蝶

宽尾凤蝶

大妈的行人一样，和刚才那群拉帮结派的青凤蝶保持着足够的距离。

非常小心地放下双肩包，以缓慢得自己都察觉不到的移动方式，慢慢接近、拍摄，拍好一只，再移动向下一只。这里没有任何遮挡，十多分钟下来，等我把看中的三只蝴蝶都拍完，全身已是汗如雨下。

说一下这三只蝴蝶：一只是十分珍稀的宽尾凤蝶，特别之处在于，它的后翅有两根翅脉会贯穿整个尾突，我在重庆多次拍到的是白斑型，后翅中室附近有明显白纹，而这一只是普通型，没有白纹；一只是碎斑青凤蝶，几乎没有尾突，后翅反面有星星点点的黄色斑；最后一只是宽带青凤蝶，前后翅共同形成半透明的青绿色区域，我拍到的这只正在喷水，这是凤蝶吸水时的常见现象。

同样缓慢地，我小心离开它们，回到阴凉处，回放照片，一一检查，看是否需要补拍。检查完后，才放心地提起双肩包，继续我的徒步。

宽带青凤蝶

碎斑青凤蝶

02

南岭 寻蝶记

九连山篇

　　2021年，三月将尽，我似乎还没有从冬天的迟钝中挣脱出来。我把原因归结于疫情打乱了我的出行习惯。连续几年，春节前后我都待在西双版纳与蝴蝶和热带植物为伍，以避开重庆最冷的两周。2020年开始，我两个冬天都在重庆冷着，节奏就乱了，写作状态下降，人也没了出行的动力，连续放弃了几个外出计划，只是在打起精神整理旧作。

　　就这个时候，江西的诗人林珊通过微信力邀我去参加全南县的采风活动。全南县，这名字好熟啊，我突然想起什么，翻身从沙发上起来扑向电脑……我没记错，全南县正处在我极为关注的南岭山系的江西一侧。数年前，我在广东乳源县的南岭国家森林公园有过几日梦幻般的旅行，那些神奇的蝴蝶、甲虫和野花就一直漂浮在我的脑海里，时常有再去南岭的冲动。有时，我会打开地图，慢慢研究连接四省的庞大南岭山地以及相关的县市，全南县就是这样进入我的视野的。

步道右侧的岩壁上林木丛生

就这样，4月11日上午，一辆越野车载着我从县城出发，沿着九连山边缘南下，左弯右拐，像是要从远方的山峦寻找一个合适的入口。

车过光明寺后，在一个山谷前停住了。

"李老师，这里怎么样？"陪我前来的谭裕文一脸自信。我四处看了看，觉得他的自信是有道理的——清澈的饭罗洞河从山谷深处蜿蜒而来，它起源于上花露，经下花露、又经过我们所站的位置汇入龙兴水库。步道就在小河和陡峭的山峰之间，这正是观察蝴蝶的理想环境。

可惜季节早了点，毕竟是在南岭的北侧，我的微单上连接着的35mm微距头，是为拍摄野花准备的。

突然，视野里的右边岩壁上，有什么东西轻微地动了一下。

岩壁上的古眼蝶

古眼蝶

我全身一振，正准备背起来的双肩包差点滑落。轻微的慌乱，没妨碍到我紧紧盯着那处的目光——它又动了，这一次，我清楚地看见了浅褐色翅膀上的眼斑。

眼蝶！我赶紧给相机换上了105mm微距头，这是我偏爱的拍蝶镜头，需要靠近目标，难度偏大，但一旦拍到，图像会格外锐利。就在这短暂的瞬间，又有两只蝴蝶，从空中翩翩而下，绕着还在散发着热气的车辆好奇地飞着。

原来，季节一点也不早，九连山已进入了蝴蝶时间。我扫了一眼，认出飞着的蝴蝶，一只是粉蝶，一只是某种环蛱蝶，而岩壁上的那只眼蝶看上去像一只陌生的黛眼蝶，我选择了向岩壁走去。

眼蝶在我们的头顶上方不停地变换位置，我只好吃力地双手高举着相机，借助液晶屏来锁定目标，一番折腾，总算在它高高飞走前，拍到了几张不算理想的影像。这是我从未在野外见过的眼蝶，双翅正面略深，反面略浅，各有4对眼斑，只是正面眼斑有明显的退化。

古眼蝶！我迅速想到它是谁，眉开眼笑。古眼蝶在我国分布不算狭窄，但一年发生一代，只在春夏之交出现，见到它并不容易。我所在的重庆，有古眼蝶的记录，但我及朋友们从未观察到。

"这蝴蝶很珍稀？"同行的喜欢植物的女诗人周簌，见我开心，有点好奇地问。

"不算珍稀，但我第一次见！"我一边寻找另两只蝴蝶，一边回答道。

波蛱蝶

那两只蝴蝶都不见了，在远处的路边石块中，我有些震惊地发现了熟悉的波蛱蝶。作为热带物种的波蛱蝶，竟然能穿越南岭，渗透到江西境内，也是挺有意思的。后来我查阅了相关论文，发现在九连山首次记录到波蛱蝶，仅仅是近十余年前的事。要是有可能，我真愿意追踪波蛱蝶的轨迹，看看它们又北进到了什么地方，说不定，类似的物种北进，能成为气候变化的一个旁证或注脚呢。

没来得及继续遐想，道路右边的石壁方向又让我心里"咯噔"一下——在一块岩石的阴影中，有两根极不显眼的细毛在摆动。蝴蝶触角！我赶紧伸手止住同伴脚步，自己蹑手蹑脚慢慢靠近。没等我靠拢，阴影中的小蝴蝶已经腾空而起，在我头顶绕了两圈，轻巧地落在被一缕阳光照亮的岩石上，像舞台追光灯下的舞蹈演员那样不停地变化着身形。

我屏住呼吸，迅速对焦、按下快门。这是一只波太玄灰蝶，它的近亲玄灰蝶是最常见的，但它自己就要高冷多了，很难见到。

接下来，是道路中间的黑燕尾蚬蝶，和波蛱蝶一样，它也属于来自热带的渗透势力，所以，波蛱蝶有点残破，它的尾突已断。作为开拓疆土的小勇士，满身伤痕是必然的。

前方的岩壁，有一个巨大的向左突出部分，逼得饭罗洞河和土路也向左边形成大转弯，就在转弯的角上，有一个长长的石块和泥土构成的斜坡直达下方的河滩。

波太玄灰蝶

黑燕尾蚬蝶

　　站在那里，我们三个几乎同时看见了一只漂亮的蝴蝶，每次起飞，翅膀都会闪耀出一片蓝色。我判断那是一只柳紫闪蛱蝶，翅正面不稳定的蓝色是它的结构色，和色素色不一样的是，结构色只能在合适的角度才能被观察到。

　　其实有点犹豫，它颜值虽高，但比较常见，是否值得我很费劲地从这个长长的斜坡走到河边去？转念一想，斜坡的尽头是河滩，说不定乱石堆里还有别的蝴蝶呢？

　　我左右走了走，发现旁边有一条小道，就顺着小道慢慢往下走。后来我很庆幸自己犹豫后选择了下去，否则就太可惜了。

　　就在绕过乱石堆前往河滩的过程中，我惊起一只小小的灰蝶，飞起来就几乎不停，灰暗的翅膀上似乎带着一点反光，最终停落在高高的悬崖上。我仰着脸，观察着它接下来的动作，余光里，发现又出现一只类

三尾灰蝶

露出背面蓝斑的三尾灰蝶

似的灰蝶。转头一看，果然是同一种，小个头，飞个不停，我轻手轻脚地跟着它，在乱石堆中，做这样的技术动作并不容易。还好，在不远处的一块巨石上，它停了下来。

为了不惊动它，我选择了用最笨最费劲的迂回方式，从它看不见的死角绕过去。大约两分钟后，我从距它很近的地方慢慢探出身来。谢天谢地，它还待在原处。当我看清楚眼前的小家伙时，我的眼睛睁圆了。

它腹部的前后翅，都像是锈迹斑斑的旧物件，上面却极为奢侈地有规律地镶上了小银片。银的光亮和旧暗的背景形成了强烈的反差，而当它打开翅膀正面时，又泄露出鲜明的蓝色斑。

我竭力控制住自己的震撼和狂喜，深深地调了一下呼吸，然后缓慢把相机伸向它，一张又一张地拍了起来。其间，它换了个地方，仍旧是舒服地晒着太阳，给了我第二次拍摄的机会。

整整十分钟，世界缩小成眼前这只神物般的灰蝶，除了饭罗洞河的水声，我只能听到快门的声音……整整十分钟，我似乎被某种清晨般的喜悦充盈，大脑清新又敏捷，很多诗句如鸟群盘旋其间。

这是三尾灰蝶，它们平时是在树冠活动的，偶尔也会离开树冠，到阳光好的地方补充能量。和别的下地活动的蝴蝶不一样，眼前这一只，一直没有伸出长喙吸食，它真的只是来晒太阳的。

全南之旅，是我这一年的转折点，在几个月停顿后我又开始了密集的写作。毫无疑问，九连山的一天起了作用，正是与蝴蝶们的相遇重新激活了我，而与三尾灰蝶的相遇更是其中的关键。

后来我写了一首诗，纪念这被小小生灵拯救的过程。其实，20多年来，如果不是有类似的奇迹般的瞬间，我可能早就不再写作和拍摄了，或者，只是保留着写作与拍摄的某种躯壳。

在饭罗洞河

我看到的所有江河，是自己的支流
我砍下的所有木柴，是自己的骨头

如此封闭
即使俯视自己，也难以看清

但在饭罗洞河
前面走着的谭裕文
后面走着的周簌
都不在我的围墙内

世界偶然松动
我握持相机的手
从躯壳的缝隙里
竟然缓缓伸到了外面

我真的看到了他物
三尾灰蝶，有着银色的缝隙
黑丸灰蝶，有着黑色的缝隙

无穷无尽的事物
正悄无声息地穿过它们
像是在拯救着
困于牢笼已久的我

象甲

捕食螳螂若虫的猫蛛

　　拍好三尾灰蝶后，我来到了河滩上，只看到几只菜粉蝶，那只疑似柳紫闪蛱蝶已无影踪。我快步回到步道上，和同伴们继续往前。和我一起回到步道上的，还有很多诗句，我不时掏出手机把它们快速记下来。这倒也是我在旷野徒步的常态，一定要及时记下那些闪电般的句子，否则它们会永远消失了。

　　三个人一边聊天，一边继续往前走。路边的蝴蝶随处可见，只是多数是常见种，如新月带蛱蝶、波蚬蝶等，我不愿开销太多时间去追踪拍摄，反而仔细记录了一些有趣的昆虫和蜘蛛。其中有一只蜻蜓远看似大团扇春蜓，近看发现"团扇"很小，胸部色纹相当陌生，和我认识的春蜓都对不上。后来经蜻蜓专家张浩淼鉴定，确认是分布范围较小的汉森安春蜓，属春蜓科安春蜓属。

汉森安春蜓

饭罗洞河和旁边的步道
终于越来越接近

我们在 12 点折返，回到光明寺吃了个简餐。我先吃完，就又在寺周围逛了逛，发现蝴蝶很少，仅在后院林子边缘的落叶上，拍到一只翅膀全新的弥环蛱蝶。

下午的徒步开始了，我想了解更多的生境，于是建议不进山谷，沿通往兆坑林场的公路走走，这也相当于沿龙兴水库的库尾往上游走。

一路视野宽阔，浅滩水草飘荡，风景怡人。我贴着水边往前走，甚至有时踩过浅水来到类似江心洲的沙岛上，惊起几只烟翅绿色蟌，我寻机会拍到几张，才心满意足地回到岸上。蝴蝶和光明寺一样少，我们差不多来回走了一个小时，才见到一只长标弄蝶，一只蛇目褐蚬蝶。

经过大半天的寻蝶，谭裕文对这项从未参与过的活动有了一定了解，更有了空前的热情。他强烈建议我们乘车到上午的折返处，继续沿饭罗洞河前行。他以一己之力，让我们摆脱了平庸的局面。不一会，我们就回到了亲爱的饭罗洞河边。

龙兴水库库尾的浅滩

烟翅绿色螅

长标弄蝶

弥环蛱蝶

刚下车，我就发现了一只荫眼蝶。荫眼蝶看似安静，其实特别难靠近，我尝试了多次，最终看清楚了——是一只蒙链荫眼蝶，这可能是数量最多的一种荫眼蝶吧。接着，更多的荫眼蝶开始出现了，我一只一只地小心辨认，全是蒙链荫眼蝶，但我仍然聚精会神，不敢放过一只。我的谨慎终于帮助到了自己，在靠近一只活跃在蕨类上的荫眼蝶时，我发现了它和蒙链的细微差异：正面翅色偏黄，反面斑纹模糊到可以忽略不计——我终于在野外见到黄荫眼蝶了！

我回头准备分享这份喜悦，发现两位同伴都离得挺远的。周籁对药用植物很熟悉，发现了很多值得记录的植物，在前面忙个不停，而后方指挥员谭裕文不见人影，可能怕惊扰到我，到远处打电话去了。

蛇目褐蚬蝶

雅弄蝶

黄荫眼蝶

孤斑带蛱蝶

新月带蛱蝶

　　我只好闭上嘴，守在一簇正开花的悬钩子旁。有一只长喙天蛾就在高处吸蜜，我感觉它有可能会下来。长喙天蛾的习性，是把发现的花通通吸一遍，不漏过一朵，是不是有点像一个严谨的田野考察者？我一边把镜头瞄准了一朵开得正好的悬钩子花，一边想着。

　　长喙天蛾还没到，一只弄蝶却莽撞地闯进了镜头。送货上门，我当然不会客气，忍住笑按下了快门。它是雅弄蝶，新鲜的棕色翅膀竟然有些耀眼。这就是四月拍蝶的好处，你能见到很多羽化不久的蝴蝶，而且不谙世事，相当大胆。

　　长喙天蛾仍然没下来，我略略转身，又看到了在悬钩子下方草丛上暂停的黑丸灰蝶。等我拍好这只好动的小灰蝶，抬头一看，长喙天蛾已经不知道飞到哪里去了。

　　这一天最后的一个重要收获，是很轻松就拍到了孤斑带蛱蝶。它和新月带蛱蝶的区别是，前翅亚顶角无白斑，中域的白斑也略宽些。这两种带蛱蝶因为形似，常被蝴蝶爱好者们放在一起比较，而我此前只见过新月带蛱蝶，没想到，在四月的九连山补上了这个空白。

　　有一部外国电影片名我忘了，片中的一句台词却记得很清楚：人类永远有填满空白的冲动。嗯，还真是这样。

在九连山国家级自然保护区

车八岭篇

清晨，穿过浓密树林的阳光，斜斜地倚靠在樟栋水河边，有规律地露出水面的石头，像地图上的虚线，将两岸的小道连接在一起。

这是 2022 年 8 月下旬的车八岭国家级自然保护区，我和广东省始兴县的童话作家邓旺山蹲在河边，看着水面的光斑，默不作声。

不知为什么，我特别相信这会是与无数精灵相遇的一天，而现在，只需等待。

车八岭位于我去过的南岭国家森林公园和九连山之间，更具体地说，位于广东始兴县和江西全南县之间。此次，我应邀来参加《诗刊》杂志社在此地举办的岭南生态诗歌论坛，干脆提前一天进山，试试和车八岭蝴蝶的缘分。

自从听说我要来车八岭寻蝶，老邓不仅要开车送我过来，还说要陪一整天，热心自不必说，这份好奇心倒是挺像我。

樟栋水河的这个角落，是蝴蝶喜欢群聚的地方，就在连接石磴路的岸边。这个情报，是始兴县散文女作家雷珺婷提供的，10 多天前，她和儿子在这里遭遇蝶群，还拍了一个视频，在小朋友的叫声和笑声中，我从视频中辨认出至少 5 种蝴蝶，其中还有一只高颜值的鹤顶粉蝶。所以，进山我就直奔这个点位了。

我们显然到得太早，偶有蝴蝶在水面上穿梭，却并不停留。享受了一阵晨光的安静后，我提议起身四处走走，观察一下附近的环境。

在开阔的地方，距离我们刚才下车不远处，一只新月带蛱蝶正舒服地晒着太阳。我正准备蹲下来观察它，就听见老邓说："车上好像有只

樟栋水河边的蝴蝶点位

手上的雅灰蝶

旖弄蝶

桑宽盾蝽

蝴蝶！"

我扭头一看，果然，车上有一个小点在扑腾，应该是一只灰蝶。

开了两个小时的车引擎盖温度高，我怕灰蝶烫伤，赶紧伸出手指去隔在它和车之间。它倒不怯生，直接就落在了我的手指上，长喙扫来扫去，贪婪地吮吸起来。我慢慢抬起手，把它举到了阳光下，认出是一只后翅略有残破的雅灰蝶。这种灰蝶的正面有着宝石蓝光斑，很炫，所以，我轻轻抖动手指，想诱使它开翅，但灵巧的它根本不中计，竖起的翅膀纹丝不动。我只好放弃，把它朝着路边的灌木抖落。

老邓说，这个时间能充分晒到太阳的，只有吊桥前的广场。果然，在广场角落，我发现多只青凤蝶，观察到宽带青凤蝶和青凤蝶两种，都很大胆地在人来人往的地方吸水。还有一只白带螯蛱蝶，兴奋地在空中窜来窜去，不肯停下，不给我拍摄的机会。我拍了一只旖弄蝶后，就在那里悠闲地散步，估算着太阳何时照亮那边的石磴路。

突然，我眼前一亮，脚下竟然有一只桑宽盾蝽在慢慢地爬着，不知要去哪里。它太漂亮了，黄底色上布满耀眼的蓝斑，有着大明星的华丽气质。盾蝽科的宽盾蝽属，个个颜值惊人，这一只也不例外。南岭真好，

能轻松偶遇这样的昆虫！我赞叹了一番，把它送到靠近树根的地方，免得被人误踩。

回到河边，石磴路尽头已有蝴蝶光顾。之前为了观察方便，我泼了些水在有些肥泥的石头上，看来已发挥作用。为了增加吸引力，我尝试过泼水时增加作料，已使用过的材料可以列出一个长长的清单：随手收集的鸟粪、树上掉下的果子碎片、溪蟹的残肢、一点点肥泥等等，总之身边有的就行，都有一定效果。

最早来的是宽带凤蝶和玉斑凤蝶。玉斑比较胆小，察觉到有人就不肯停留，而宽带凤蝶，是凤蝶中最胆大的，它们能吸食到如痴如醉，有时你轻轻伸出手指，碰到它们，也只是换个地方，继续吸水。

宽带凤蝶

青园粉蝶

大二尾蛱蝶

寻蝴蝶不外乎两个方法：刷山、蹲点。女作家无意中帮我找到的这个点，就特别适合蹲守，这一段河水穿过树林，只在这里有点沙岸，而便道也从这里跨河而过，一般来说，这类交叉点是蝴蝶喜欢落脚的。

我摆了几块石头，给自己搞了个舒服的座位，双肩包在后面，茶杯在旁边，一切就绪。树林太密，阳光还没照进去，还须晚点进山，不如先蹲守这里。

一个多小时里，我平均每10分钟过去在蝶群中寻目标拍，然后顺便浇水，让点位始终保持潮湿。其他时间，就悠闲地喝茶，看着河水发呆，或者目送那些路过的从不驻留的蝴蝶离开。老邓没想到会是这样的寻蝶方式。他是喜欢在山里散步的，陪了我一会儿，背着手自己走开了。

到11点时，除了拍到青园粉蝶、宽带凤蝶等熟悉的蝴蝶，我还收获了大二尾蛱蝶。

这个时候，阳光已经很盛，树林里也明亮起来。我收拾好东西去到河对岸，想尝试走走林中步道，发现从车八岭自然博物馆的后面，一共有三条道，一条通往屋后小山的山顶，一条缓慢升起，最吸引我的是最后一条，它几乎是贴着汇入河流的小溪往里面延伸的。

临近正午，溪边路仍是一片阴暗，上屋后小山的路也是如此，我只好选择中间的这条路，至少，路面上有了斑驳的阳光。

正值黑丸灰蝶的发生期，这种在其他地区极少见的精致灰蝶，在这条道上多到令人振奋，不到百米，我就目击20多只。它们不时闪亮的翅膀，让小路显得格外梦幻和不真实。

当一种蝴蝶高密度出现时，会给你寻找别的蝴蝶造成干扰。我享受着这种幸福的干扰，一再错过其他灰蝶也没觉得有什么可惜，那几只都是特别警觉的，感觉是某种娆灰蝶，反正我在车八岭的刷山才刚刚开始，还有的是机会。

带锚纹蛾

　　走着走着，我就和老邓会合了。当时，我正在小心接近一只陌生的锚纹蛾，这种蛾习性特别像蝴蝶，甚至比好多蝴蝶都好看。在此之前，我在别在地方拍到过锚纹蛾（反面前翅有锚形色斑）、隐锚纹蛾（反面前翅无明显色斑），而眼前这只，翅上有一个显眼的红色月亮——我碰上的是带锚纹蛾，一种比较罕见的种类。

　　午饭后，我开启了刷山模式，沿着溪边的小道，慢慢往前走，眼睛注意着身边环境的微小变化。静悄悄的灌木草丛会随着你的脚步瞬间惊醒：蝗虫、螽斯利用它们的爆发力蹦出老远；甲虫从叶面上迅速躲到叶底；豆娘谨慎升起，选择一个更高的位置停下，如果觉得还不够，它们会重复这个动作，直到远远地避开你……一片凌乱中，我必须发现哪些飞过的影子是蝴蝶，然后，又在保持着静止的绿色中，通过色差发现原地不动的蝴蝶。这个过程非常有趣而又充满难度。

刷山开始，我选择了这条临溪小路

众多的动静中，我盯上了一只弄蝶。它非常兴奋，来回窜飞，然后停在树叶或草叶的下面，露出翅膀的一角，如是反复。这是很多弄蝶都喜欢的把戏，比如我熟悉的斑星弄蝶。它掠过的时候，我注意到它的后翅黄色星光稀落，相当陌生。

它又一次停在蕨叶下后，我蹲下来，把微单的显示屏拉出来，再把机身小心地塞到蕨叶下方。它的形象清晰地在显示屏上出现了，的确是我没见过的一种弄蝶，白角星弄蝶。

顺利的开局之后，好运气就不见了，我连续错过了好几个绝佳的拍摄机会，特别是连续错过洒灰蝶和翠蛱蝶各一只，只拍到一只常见的曲纹黛眼蝶，不得不感叹 105mm 微距头必须靠得很近才能有效拍摄的局限性。

步道很多，水声潺潺，树枝下走着的那个唉声叹气的人就是我。如果有监控录像，能倒放这一段，我能旁观那个深陷剧情中的自己，一定会笑出声来。能走到如此幽静、美丽的步道上，独享无尽的森林，这个人怎么能唉声叹气呢。

溪边步道快到尽头的时候，我终于把握到机会，连续拍到了钮灰蝶、小娆灰蝶两种比较罕见的灰蝶。在车上小睡了一会的邓旺山追上了我，我们一起拾级而上，沿中间那条土路慢慢下山，沿途都有蛱蝶起落，可惜没有太好的机会，连种类都没看清楚。

回到河边时，我又去看了上午蹲守的点位，发现果然又形成了蝶群，足足有十多只。其中，平时难以接近的白带螯蛱蝶足足有三只，我挑了一只完整的轻松拍了几张。

喝了会茶，我忍不住又开始第二次刷山，依旧从溪边小路进去，脚步惊起几只豆娘。

当晚，入住八岭山庄，感觉一身轻快，不像在野外工作了一天。估

白角星弄蝶

曲纹黛眼蝶

钮灰蝶

小娆灰蝶

白带螯蛱蝶

083

车八岭的林间溪流

计原因是上午蹲守多，下午虽然走了10多公里山路，但一路清凉，体能消耗较小。

　　本来打算休息到9点，才去进行一个人的夜间野外观察，但我实在等不得，干脆跃身而起，背着双肩包就出发了。白天已观察好，进八岭山庄的支路对面有一条沿溪进山的小道，看上去相当不错。

　　进入小道前，我先到路灯下去看了看。路灯夜间总能吸引趋光性的昆虫，曾经在海南岛尖峰岭上，我在路灯下找到好些威武的大甲虫，远超白天在那条路上的发现。

　　这一次，车八岭的路灯也给我贡献了一只明星昆虫：红缘卵翅蛾蜡蝉。它绿色的翅膀亚外缘蓝带、外缘红带，相当讲究。颜值也称得上蛾蜡蝉属物种的天花板了吧。

红缘卵翅蛾蜡蝉

附近的路灯看完，我才打着手电，进入小道。对南岭的夜观，我的策略很简单，脚下找蛇蛙，头上看蝴蝶，其他昆虫除特别精彩的之外一律放弃。

几分钟后，得来全不费工夫，我在脚下发现一根扭来扭去的蛇尾巴：细长，棕褐色。它的其他部分在落叶下滑行，带来整个落叶堆的微颤。我很快锁定了它头部的方向，蹲下来，举起相机瞄准了其可能露头的位置，不过几秒钟，蛇头果真露了出来，瞪着大眼睛，吐着分叉的芯子。此蛇后来经重庆的罗键兄鉴定为白眉腹链蛇。

白眉腹链蛇

十几分钟后，找到另一条蛇，是常见的原矛头蝮蛇，它蜷缩在我头顶上方的岩石缝里休息，我是在追踪一只鞭蝎时，无意中发现它的。

原矛头蝮蛇

当晚，我看见的唯——只蝴蝶是橙粉蝶，它谨慎地停在悬崖高处的灌木上。那个位置，本来我是绝无拍摄机会的，但是，悬崖边却长着一棵树，枝条横生。我看了看，爬树难度不大，就把双肩包放在地上，斜背相机，然后踮起脚，抓着最低的横枝，一个引体向上就蹿了上去。横枝略细，不敢坐在上面，只好分出一只腿，绕树半圈，踩在另一根横枝上。调整好姿势后，身体非常稳，我满意地腾出了双手，一手拨开遮挡视线的枝条，一手举起相机，很舒服地按下了快门。

次日清晨7点刚过，我就提着相机出了门。生态诗歌论坛将在10：00举行，会场距八岭山庄8公里左右，老邓计划9：30前来，我盘算的是利用这个时间慢慢走过去，顺便看看路上的蝴蝶。

但是事情不是我想象的那样，这条公路居然意外繁忙，路上确实有

橙粉蝶

娜生灰蝶

蝴蝶，但在车辆的呼啸中根本停不下来。

我打算改变计划，在路上找条清静的林中步道来用好早起换来的两个小时。正在此时，一辆车在我旁边停下了。司机是前一天偶遇的一位姑娘罗瑛，同伴说她是专程过来拍昆虫的，于是我好奇地问过几句，没想到又偶遇了。

我们讨论了一下，干脆一起去昨天的步道寻找各自的目标。我得以顺便参观她的工作方式，原来罗瑛远不只是拍昆虫，小型蘑菇、蜘蛛、半翅目若虫、鳞翅目的幼虫也是她的最爱，这是一位有严重审美洁癖的摄影师，好目标的背景不合适，她也会果断放弃。

上午，我有两次回到跳蹬尽头附近，总有蝶群，同时也总有其他人在拍摄。我观察了一下，忘忧尾蛱蝶不见了，换成了几只常见的二尾蛱蝶，

玛灰蝶

略感有点扫兴。

中午，又有两个小时的空当，我舍不得浪费车八岭的时间，干脆把昨天的徒步线路再走一遍。毕竟前面刷过四次，我已经对哪些点位蝴蝶多有所了解，我把重点放到寻找灰蝶上，希望能更多拍到从未见过的种类。

在中间那条土路上约300米的一段，我来来回回，花了整整一个小时，前两趟轻手轻脚，寻机拍摄。后两趟则是手持树枝，左右敲打，把灰蝶从灌木深处赶出来。前两趟拍到了娜生灰蝶、百娆灰蝶，均为我没见过的；后两趟都拍到了玛灰蝶，这是一种低调的灰蝶，你永远只能看到它丑陋的反面，它漂亮的蓝斑似乎永不示人。

算下来，这条环形线路，两天时间里我竟然走了足足6圈，而且，

百娆灰蝶

我深信错过或遗漏的蝴蝶，仍远远多于我所记录到的。大自然比我们读过的任何一本书都更神奇，每次打开它，同样的页面都可能出现全新的精彩内容。

当天晚上，我再次乘坐罗瑛的车来到此处，同来的还有冯娜、张箭飞两位文友，她俩一直想参与夜观，这次终于如愿了。

四个人的夜观，比一个人的效果好太多了。刚开始，罗瑛就在一处高高的树枝上，找到一只新月带蛱蝶，接着，我又在灌木上找到一只正在羽化的蟪。

我们没有找到蛇，却特别有蛙缘。如果还要说准确点，可以叫臭蛙缘，我们每过一阵，就会发现一种臭蛙。

第一只臭蛙是黄岗臭蛙，它蹲在水管上，背如华丽的丝绸。

我嫌她们围着一些常见

黄岗臭蛙

竹叶臭蛙

大绿臭蛙

丽棘蜥

莽山角蟾

莽山角蟾

东西叽叽喳喳，讨论得没完没了，干脆一个人大踏步去几处有水的地方寻找，独自找到了竹叶臭蛙和大绿臭蛙。

等我得意洋洋折回的时候，才得知她们找到一种泥土色的蛙，冯娜带我来到发现蛙的地方，那是一个有着新鲜泥土的土坡，果然，有一大一小两只蛙。我凑近仔细打量，惊喜得差点喊出声来，原来，这才是今晚最大的发现——它的上眼睑边缘有明显突起的角状，是莽山角蟾。仅在南岭才能见到的角蟾，是自然爱好者们津津乐道的夜观目标。而且，我们的运气还特别好，大的是雌的，小的是雄的，一次就看齐了。

询问了一下，是罗瑛发现它们的。如果仍然是一个人的夜观，我肯定错过这种南岭神物了。同样，晚上还拍到在灌木上睡觉的丽棘蜥，这个蠢萌的家伙是冯娜发现的，我的注意力还真是继续保持着抬头寻蝴蝶、脚下寻蛇的搜索惯性，而它，正好在不高不矮的位置。

我们互相补上了其他人的盲区。

我浇水诱蝶的地方，成了打卡点

🦋 深渡水篇

对我的广东始兴之行来说，深渡水是个意外的礼物。这礼物是始兴县文联李志国先生给的，或者说，是老天借他的手给我的。刚到始兴那天，车八岭有限的住宿客满，他觉得我更喜欢山野，就建议我入住距县城半个小时车程的深渡水乡的听溪小院。

晚饭前，我和邓旺山、雷珺婷以及潮州过来的丫丫几位文友约好了散会步，但我根本迈不开脚步——小院四周的蝴蝶实在太多了。雷珺婷见我喜欢蝴蝶，干脆四处打量，帮我找蝶。她是刺绣高手，眼神果然不同凡人。白天可能我不会居于下风，但此时天色昏黄，是我最困难的时候，而她目光依旧锐利，如同双眼里时时有绣花针激刺而出并正中目标。

在小院里，她找到了宽带青凤蝶。在不到30米的路上，不到一会，她就发现了白带黛眼蝶、睇暮眼蝶等六七种蝴蝶。

宽带青凤蝶

在藿香蓟上，我自己发现了玛弄蝶。玛弄蝶寄主是某些竹类，所以分布还算比较广，但警惕性高，平时难以接近，不过此刻昏暗的光线中，它们似乎特别大胆，只顾吮吸花蜜，对我的相机和DIY的闪光灯毫无反应。我喜欢它们红宝石般的复眼，拍得非常过瘾。

清晨，我们要去车八岭，众人6点多就下楼吃饭。没想到，竟有6点多就到处觅食的蝴蝶，一只纬带趾弄蝶兴奋地满院乱窜，不肯驻足。我跟踪它10多分钟，才勉强拍到一张照片，时间无多，只好放弃。

车八岭活动结束后，因为韶关至重庆直航机票不是每天有，必须在始兴多待一天，我立即想起深渡水来——虽然只是一个县级保护区，但是溪流众多，道路平坦，低处是竹林和杂灌，高处是完好的阔叶林，这个生境，应该是非常适合蝴蝶栖息的。一番周折后，我连夜赶到听溪小院，把已睡下的老板敲醒入住。

次日早餐时，请厨师热了四个包子，我自己泡好了茶，再备两瓶矿泉水，这样就是不准备回来吃午餐了，可以把折返点推远几公里。

玛弄蝶

纬带趾弄蝶

我经常这样干。

8点的时候，阳光还没有照进深谷，我开始了一天的徒步，发现很多蝴蝶已经在四处活动了。

我已经打听好了，这条无名道路通向三个小水电站，沿途有零星居住的村民，今年枯水，人烟稀少，漫长的山谷和不可预料的蝴蝶，今天竟被我一个人拥有，想想都开心。

这条两边长满了植物的路，还有很多通往河边或山中的小道，下河的路短而平坦，进山的路陡峭而幽深，如果时间足够，每条支路都去一下才称得上奢侈。

离开听溪小院才几十米，就有一条下河的道，这里河宽水浅，有一个中年妇女提着一个铁桶正涉水而过。不用费力走下去了，我紧盯着她的脚步，看有没有蝴蝶惊起。果然，蝴蝶从地面起来了，足足三只，一只像是青凤蝶，疾速升起高飞远走，另外两只盘旋了一下，又在她身边落回原处。

无意中帮我完成火力侦察的女士好奇地看了一眼我手里的相机就走了。我放轻脚步，走到蝶落处，两只蝴蝶停在那里，一只白带黛眼蝶，一只残锷线蛱蝶。从未见过如此新鲜完好的残锷线蛱蝶，若干年来只见过残的，我甚至觉得是它们名字没取好。还好，这一次见到了完美时的它们是什么样子。

徒步不到1公里，我就看到了一个水电站，一座小桥横跨河上，这里有浅滩有建筑，依我的经验，应该是各路蝴蝶喜欢停留的地方。

桥头的路边，是连成了片的藿香蓟，它们出现在波光粼粼的背景前面，简直就是世界名画的角落。画面太美，看风景的我竟然没有第一时间去找蝴蝶，直到一只斑蝶惊起，我才趁它在崖下悬挂的枝条上稍作停留时，赶紧高举相机跟过去紧急补救，拍到了这只拟旖斑蝶。

残锷线蛱蝶

拟旖斑蝶

深渡水乡无名路俯视

　　然后，我回来在藿香蓟蓝色的小花海中来回扫描，小型蝴蝶不少，我锁定了其中的越南星弄蝶、腌翅弄蝶和波太玄灰蝶，都是相对不容易见到的种类。

　　对蝴蝶爱好者来说，相对不容易见到的蝴蝶越多，越能说明一个地方的价值。根据这一条，深渡水区域，仅凭我在水电站附近之所见，蝴蝶方面的价值就上了一个台阶——因为短短的十多分钟里，就观察到十多种蝴蝶，多数是其他地区不容易见到的，其中的银钩青凤蝶、纹环蝶、鹤顶粉蝶还很有观赏性。

　　这一带，足足有十多只鹤顶粉蝶在空中飞舞，这种喜欢和人类保持距离的大型粉蝶，前翅的顶角有着鲜艳的红斑，有如丹顶鹤头顶的那团朱红色。

　　我找机会拍到一只短暂停下来晒太阳的鹤顶粉蝶，然后就在树阴下坐着，微笑着观看它们在对岸的空中舞蹈，实在是太美妙了。如果让我选择，哪怕别的蝴蝶一只也没有，我也很乐意专程来深渡水看一次鹤顶粉蝶的群舞。

越南星弄蝶

腌翅弄蝶

纹环蝶

停在树梢晒太阳的鹤顶粉蝶

在河对岸互相追逐的鹤顶粉蝶

在水电站附近消磨了一个多小时，我才很不舍地离开。往前走了一阵，阳光愈加强烈，左边出现了一条上山的路，路口还有一个小屋。我远远研究了一下，看出是守果园用的小屋，屋后的水管引来了山泉，现在不是果期，自然无人。烈日下，路口处的清凉，是很多蝴蝶喜欢的。我准备在屋前喝茶，屋后洗脸，凉快下来后，再在屋前屋后及小路路口仔细找找蝴蝶。

刚把茶杯拧开盖子，送到嘴边，我的手就凝固在了空中，眼睛也眯了起来——一只黄色的蝴蝶从屋顶飘落下来，落在了我左边裸露的树根上，一动不动地吮吸起来，褐色的长喙像一柄拖把扫来扫去。

白裳猫蛱蝶！我一眼就认出了它，我还开过玩笑，说它是穿白背心的猫。

我用慢动作放下杯子，用同样慢的动作拿起相机，这样慢的速度，在蝴蝶的复眼里相当于静止。这个时候，不能着急，白裳猫蛱蝶的胆小和敏捷是出了名的，动作稍大就会前功尽弃。一秒，又一秒，我的心脏像挂钟那样稳定地跳着，在这个过程中，我获得了极近的拍摄距离和极

白裳猫蛱蝶

白裳猫蛱蝶

好的机位。

不断工作的闪光灯把它惊走时，我已经拍到了一组满意的照片。我愉快地坐回之前的位置，喝茶、洗脸，在附近慢慢踱步，这个区域里竟然还有 5 种蝴蝶，其他昆虫还有蜻蜓、萤火虫等。

回到主路上，继续向前，空中掠过的各种青凤蝶越来越多，我抬头观察了一下，它们似乎在前面拐进竹林，或者从竹林里向外飞出来，莫非里面有一个蝴蝶大会？

我快步走进竹林，却被四处涌来的鸡包围了，竹林里藏着的是个养鸡场！我有点不甘心，在竹林里继续寻找，猛一抬头，却发现靠近小河的那一边，空中数十只蝴蝶飞舞。

原来，蝴蝶大会不在竹林里，而是竹林对岸的河边。上方有建筑，估计多少有些肥水渗透到河岸沙石上，烈日蒸发，吸引住了穿梭河边的蝴蝶们。

就在百米范围内，我数到六七处蝶群，一处隐于乱石深处的沟里的是由玉斑凤蝶、蓝凤蝶和宽带凤蝶构成，其他都是青凤蝶群。最大的一处蝶群有 80 多只，以宽带青凤蝶、碎斑青凤蝶和青凤蝶为主，偶有银钩青凤蝶。就是这数量最少的银钩，各处加起来也超过 10 只。

这是我在西双版纳布朗山之外，见到的最大的蝶群，这几处加起来应该超过 300 只。可能是我这个不速之客，把几只鸡惊到了对岸，它们排成小队，插入蝶群，蝴蝶们怒飞空中，一时间，对岸的建筑和小道，都被青色翅膀遮住，妙极。

我没有过多打扰蝶群，观赏了一阵，便退出竹林，继续我的徒步。

　　烈日当空，徒步变得艰难，稍稍上坡就汗如雨下，这个状态下我可不敢恋战，太容易中暑了。连续看到的罗蛱蝶、珠履带蛱蝶、新月带蛱蝶，我只是尝试了一下拍摄，就放弃了追踪。

河对岸的青凤蝶群

　　走完空旷地带，来到树阴下，我取下罩在头上的皮肤服，找了块石头准备一屁股坐下来休息，但马上就惭愧地发现，这块石头不属于我，一位"女士"已经捷足先登，舒服地蹲在上面了。这是孤斑带蛱蝶的雌性，如果不认真看，会以为是环蛱蝶中令人头痛、难以分类的"黄环组"，但它前翅曲折的中室纹，一下就暴露了身份。我在网上多次看到它的影像，很羡慕幸运的网友们，这么多年我一次也没遇到过。

　　它没给我道歉的机会，优雅地扇着翅膀飞到另一块石头上，接着又起身，落到地面。几个起落，却始终待在树阴里，看来和我一样看上了这里的清凉。

　　前面的路断了，需脱鞋蹚水而过。到了对岸，我重新穿好鞋子，此时风景一变，道路两边全是竹子。竹林是眼蝶的繁殖生长之地，所以也

孤斑带蛱蝶（雌）

路断了，必须蹚水而过

不必嫌弃。我放慢了脚步，眼蝶喜欢待在阴暗的地方，走快了可能看不到它们。

前面的道路中间，停着几只蝴蝶，一只大的数只小的，非常亲密。那只大的感觉很不一般，我远远拍了一张，放大一看，竟是凤眼方环蝶。自从在海南岛见过一次，阔别十多年了。我正准备放低身姿，敏感的它已被惊动，振翅离开，我只好继续把留在现场的几只弄蝶挨个拍了一遍。

我坐在地上，对着液晶屏研究了一下，发现有三种弄蝶：长标弄蝶、盒纹孔弄蝶和一种不认识的陀弄蝶（后经文浩兄鉴定为南岭陀弄蝶）。它们和凤眼方环蝶聚在一起的原因，是地上有一只死去很久的溪蟹，这是蝴蝶们很喜欢的。

凤眼方环蝶

　　我有点懊恼没能拍到凤眼方环蝶，就去溪边取水，浇在这里，看看它是不是会回来。然后继续在竹林其他地方转悠。

　　这个时候，我发现今天多次看到的曲纹黛眼蝶，似乎色型和之前有点不一样，之前的都会偏红，而这里的总是偏黄，它们的后翅倒差不多，眼斑里全是小黑点，像是一袋袋芝麻。曲纹黛眼蝶其实也很耐看，只是见到的机会多，在我家屋顶花园都出现过。今天就没有花时间去拍它们。

南岭陀弄蝶

长纹黛眼蝶

　　我寻到一只翅膀完整的蝴蝶，此时，它正在一块潮湿的石头上贪婪地吸着，全然不顾我慢慢靠近的镜头。按下快门的瞬间，我不禁喜出望外，它贯穿前后翅反面的中带是白色的，而曲纹黛眼蝶的中带是棕色，显然，这是另外一种我没见过的黛眼蝶，而且，它非常耐看，越看越有气质。当晚我就查到了它的名字：长纹黛眼蝶。

竹林里容易看到眼蝶

深渡水这条无名小路的徒步，给我的接连惊喜，远远超过了我的预期，不知不觉，就到了饭点。我在竹林里取出包子享用，眼睛不时远远瞟一下远处的那只死蟹，看看凤眼方环蝶是否回来。

直到我吃完起身，那个地方仍然只有几只弄蝶。我只好开始继续徒步，想着等折返回来时，再看看运气如何。接下来又见到几处青凤蝶的蝶群，偶尔有别的凤蝶或蛱蝶混在里面，并没有新出现的种类。

这个山谷的青凤蝶属的蝴蝶实在太多了，我目击到的总数应该超过了 500 只，也算创造了一个惊人的个人观蝶纪录。

走走停停，欣赏着蝶起蝶落，烈日与阴凉交替，偶尔和一只蛱蝶或弄蝶斗智斗勇，这是我偏爱的消磨时光的方式，或者说，时光在这里呈现出透明而又色彩变幻的质地，它容不下别的东西，你过去的一切、你的城市生活，都像发黄的背包被取下来，放在了不显眼的角落里。这大概也算一种物我相忘：有另一个我在行走的身体上方像蝴蝶一样飘在空中，只是飘着，并没有要在哪里停留下来的冲动。

折返的时候，有一阵，我真的忘记了蝴蝶，很多新鲜的诗句川流不息。就是在这样的状态下，我大踏步穿过了刚才逗留了很久的竹林，直到凤眼方环蝶从脚下惊起，才如梦初醒，但是来不及了，这一次，它飞得更高更远，估计再不会回来了。

我在脑海里搜索了一下，凤眼方环蝶的寄主是竹属的种类，或许，不用这样守株待兔。收拾出一根竹竿，就从这片竹林开始搜索吧，我一手护住相机，一手持竿敲打，但是一无所获。

接着，见竹林就进去打草惊蝶，一连3片竹林，都一无所获。

转机出现在第四片竹林。和前面不同的是，它不是坡地，而是一块扇形的平坝，小河绕着它转出个半圆来。我在里面敲打着走了几步，就惊起了各种蝴蝶，一时眼花缭乱，一只硕大的白斑眼蝶，一只鹤顶粉蝶，还有几只眉眼蝶。我继续敲打，动作放得更轻，是打扰而不是惊动，才是最好的力度——让蝴蝶不情愿地现身，却又至于惊慌而逃。一只、两只、三只……简直难以置信，我陆续用竹竿敲出了三只凤眼方环蝶，而且每只都是飞到附近的竹子下方停住，给了我很好的拍摄机会。

从这片竹林出来后，我扔下竹竿，心满意足地回到主路上。大半天的高温徒步，我的水全部消耗完了。剩下的时间，我打算回到第一个水电站，找值班的温师傅讨开水，重新泡茶，然后和他愉快地聊聊。

在听溪小院拍玛弄蝶

03

阴条岭
寻蝶记

一

　　重庆西南大学的张志升和他的团队，去年就开始了阴条岭的昆虫考察，据说每次都有惊喜。今年春天，他力邀我和昆虫分类学家张巍巍参与，还说保证我们不会后悔。阴条岭国家级自然保护区，地处重庆与陕西、湖北三省市交界处。作为神农架余脉，它把大巴山脉和巫山山脉连接在一起，是重要的物种走廊。

6月下旬，阴雨绵绵，张志升团队已按计划进入阴条岭。我想去，又觉得雨季中没法寻找蝴蝶，就赖在主城区不动。

这天，张巍巍发来了几张图，是考察队员陆千乐在仅有的晴天拍到的蝴蝶，有金裳凤蝶、大翅绢粉蝶等，其中的一只蛱蝶，正面有着旧铁皮似的反光，让人眼前一亮，我赶紧查了一下，叫奥蛱蝶。他还给我留了句话："你要再不去，就真会后悔了。"

第二天一早，我就拖着已准备好的行李，在小区门口等着了。张巍巍到后，把车交给我，说："我有点困，你先开一会儿，然后换我。"

于是，我知道了他的"一会儿"是多久。五个多小时后，距离我们的目的地还有10公里左右，才从后排悠悠传来了一个半迷糊的声音："还有多久到，要不我来开吧？"

"已经快到啦！"我翻了一下白眼。

正说着，突然发现一只白色粉蝶掠过车窗。

绢粉蝶！我赶紧停车，一边到后备箱取相机，一边继续盯着绢粉

红旗管护区生境

蝶的动静。它挺安静的，就在路边贴着岩壁轻盈地飞来飞去，就是不落。

张巍巍看了一眼，就放弃了，蹲在地上不知道拍什么。他特别善于在不起眼的地方，发现并记录意想不到的好东西。

我呢，对全世界的兴趣暂时只在这有些陌生的绢粉蝶上，跟着它来回小跑。它在岩壁上的灌木丛中作短暂停留，被我远远地凝固在相机里。

三黄绢粉蝶

研究了一下，它亚外缘的短箭头似曾相识，是不是我在四姑娘山拍到过的贝娜绢粉蝶？后来，考察队年轻的蝴蝶高手蒋卓衡说不是贝娜，贝娜生存的海拔很高，这一只是三黄绢粉蝶。这个结论让我暗自高兴，半路顺便停一下，就增加了一个绢粉蝶记录，太开心了！

淡色钩粉蝶

下午三点前，我们顺利到达了红旗管护站。一条溪水从前方狭窄的沟口流出来，形成喇叭形的沟谷，管护站的对面，正在修一条新路。来不及整理行李，我仰着脸看了看阳光的方向，判断着这个沟谷的夕阳最后照耀的地方，也正是对面那一带。挺好，还有两个多小时的日晒。

我和张志升打了个招呼，提起相机就出发。路上，看到一个废弃建筑的空地上，停着几只淡色钩粉蝶——是好几年不见的老朋友，特别像鲜嫩的树叶，就去拍了几张，也算打了个招呼。

过桥，进入仍在烈日中的那条路，我就知道来对了。这个区域至少有十种以上的蝴蝶，因为有考察记录任务，我没敢嫌弃任何蝶种，经过之处，连曲纹蜘蛱蝶、大红蛱蝶都一一快速拍摄了。

喜欢群聚的黑角方粉蝶，挤在路边的积水处，中间有一只绢粉蝶让我瞬间眼前一亮。黑角方粉蝶一动不动，这只绢粉蝶就特别不安分，落下又飞起，落下又飞起，简直是在它们中捣乱。我像黑角方粉蝶一样，蹲在角落里一动不动，等待机会。我知道绢粉蝶敏感，如果动作稍大，它一旦惊飞，可能就再不回来了。

约有五六分钟，我的双腿已开始发麻，这只绢粉蝶突然脱离蝶群，在旁边的坡上停了下来。我赶紧小步移动，到它的正侧面举起了相机。通过镜头，我彻底看清了——正是此间较多的大翅绢粉蝶。

前面的开阔地，碎石和河沙堆满左侧，又有水从里面浸出来。这样的林中空地，最受蝴蝶喜欢，凤蝶、蛱蝶、粉蝶、弄蝶、灰蝶全有，令人眼花缭乱。

在我眼里，只有一只奥蛱蝶，它的翅膀正面像深棕褐的旧铁皮，角度变化时，又会反射出幽蓝的光芒。这种低调的美太高级了！从我心里的湖底深处，有一个赞叹晃晃悠悠像水泡那样冒了出来。

大翅绢粉蝶

113

　　我先远远拍了个影像才慢慢靠近，开始了非常困难的追逐。前后约有40分钟，它始终和我保持着距离。其中的休战阶段，我顺便拍了一些其他的蝴蝶，包括一只大卫绢蛱蝶——它已一身旧衣，像一个即将求得正果的僧人，自带几分仙气。我最终的所得是一堆模糊的奥蛱蝶正面和几张清晰的反面。反面看上去就没那么特别了。

　　两个多小时很快就过去了，我来回小跑的这条路上一点阳光也没有了，蝴蝶也离开得无影无踪。我抬头，看见对岸和桥上，考察队员们已经在做着灯诱的准备。

奥蛱蝶

早起开车，下午逐蝶，体力消耗得有点大。晚饭后的灯诱活动，我只象征性地参加了一下，拍了一些灯诱来的昆虫，以及他们不知道从哪里找到的一只盲步甲——让人想不明白的物种，为什么它们常年生活在没有光线的洞穴深处，却有着如此鲜艳的颜色，给谁看呢？格外纤长的足和触角，我倒是能理解，毕竟，能增加能力和触觉，那是黑暗中生存所必需的。

我又打着手电去灌木丛中寻了一遍，没找到蝴蝶，拍了一只脉线蛉（褐蛉科脉线蛉属）就早早回屋休息了。

第二天一早，我们分乘几辆车进沟，车在一个大坝的底部停下，我们拾级而上，来到大坝上。回望来路，只是一片葱茏中不显眼的褶皱。

盲步甲

大卫绢蛱蝶

线脉蛉

没有和其他人去草丛中扫虫，我判断大坝两端应该是非常好的观蝶区域。我在大坝上来回踱步，又到小路上记录植物，等着阴云散去，阳光进来。

不到一个小时，太阳真的出来了。我赶紧快步回到大坝一侧，几分钟后，蝴蝶就出现了。两只黄色斑纹的环蛱蝶一前一后来到这一带，非常活跃，几乎不停。一只荫眼蝶、一只紫闪蛱蝶停在岩壁上方，摊开翅膀，很舒服地晒着太阳。很少见到荫眼蝶展开翅膀，可惜它们位置太高，我只能仰着脸看看。

我能拍的，只有弄蝶，它们喜欢在地面停留、吸水。我盯上了其中一只黄色的酡弄蝶，很陌生，是我从未见到的品种。后来请教了蝶友，确认是黄毛酡弄蝶。在另一处，又发现一只没见过的酡弄蝶，不同于前者，它一身朴素的碎花衣，这是花裙酡弄蝶。

黄毛酡弄蝶

花裙陀弄蝶

窄斑翠凤蝶

　　忙碌地在坝上走来走去，我差点在路中踩到一只硕大的凤蝶，还好它浑身金斑、星光灿烂，提醒我及时收住了脚。它臀角的月形斑合拢呈圆形，看清楚这个特征后，我微笑着蹲了下来，它可不是常见的巴黎翠凤蝶，而是比较珍稀的窄斑翠凤蝶。

午餐后，阳光强烈，考虑到沟谷里阳光收得早，我就想单独去走更宽阔的大桥湾的峡谷。张志升甚是支持，说大桥湾确实蝴蝶多，值得去。他坚持要开车送我到 1 公里外的入口，为我节省一点体力。路上我才了解到，此次考察一共四个点，四个分队结合自己的研究方面，轮换做。前期已有一个分队在此考察。

入口很隐蔽，志升的车开过了，他调好头，正准备往回开，我赶紧叫停，因为前面的岩石上有几只蝴蝶扑腾，一片金黄。下车的时候，我让志升先回，表示拍完蝴蝶后会自己去找入口。他很不放心，车停了两次，回头又提醒好几句，才开走了。

我其实没听清楚，但猜他提醒的内容，应该是入口的一些标志。我

黑翅荫眼蝶

的注意力全在前方那群黄色蝴蝶上，车过的声浪惊动了它们，它们乱飞了一会，才慢慢落回岩壁。是老豹蛱蝶，足足有七只，可以很轻松地拍到它们配色好看的反面。以前常见它们访花，还是第一次看见它们在岩石上群聚。把这处岩壁看了又看，没发现有什么特别之处。

我把视线从岩壁上收回来后，路面上多了一只眼蝶，看着像黑斑荫眼蝶。估计是车离开后，它才下来的。远远拍了一张，放大一看，不禁在心里"咦"了一声。它的反面黄褐色斑纹很不明显，整个颜色更深，大概率是我在金佛山看到过的黑翅荫眼蝶，当时只拍到模糊的照片。机会来了，我几乎是擦着地面把相机塞过去，再按下了快门。

到入口之前，在公路右边看到一只环蛱蝶，我以为是中环蛱蝶，顺

老豹蛱蝶

寻蝶记

断环蛱蝶

断环蛱蝶

手拍了一组，就离开了。后来整理资料的时候，才发现不是中环蛱蝶，而是我从未拍到过的断环蛱蝶。断环有两个色型，我之前拍到过黄色纹型，此番拍到的是黑色纹型。两个色型齐了。

从公路进入峡谷，是一段简陋的便道，看上去很不靠谱，仿佛随时会消失在野草中。但它顽强地左弯右拐，一直延伸着，延伸着。

下了约几十米的高度，路就好走了，蝴蝶的种类也多了起来。

一个最夸张的时刻，就是我下蹲着在灌木丛中追逐一只边纹黛眼蝶的时候，我的视野里同时又出现了两只很高级的灰蝶：北协拟工灰蝶、饰洒灰蝶，都是蝶友们津津乐道的物种。我陷入了三秒钟的慌乱，镜头移来移去，不知道先拍谁。

北协拟工灰蝶

蓝灰蝶

短序吊灯花

吊石苣苔

我遇到了"如果你妈妈和我同时落水里，你会先救谁？"的经典问题。我本能的反应，也是先瞄准了离我最近的北协拟工灰蝶，匆匆拍了几张，接着是饰洒灰蝶、边纹黛眼蝶。

在国内，北协暂时是拟工灰蝶属的唯一物种，这个属相近的两个属是工灰蝶属、珂灰蝶属，野外相见，很难区别，都是橙黄色，饰以白、红、黑三色的不同组合方案。把它们详细进行比较，是一个有难度同时又非常有趣的事情。

高速抓拍的结果，是饰洒灰蝶和边纹黛眼蝶的照片都不太理想。而三只蝴蝶，都失去了踪影。

这条步道在山谷里几乎是贴着悬崖上上下下，经过的是不太容易受到人类干扰的崖壁生境。它是难得的观蝶小道，也是同样难得的野花小道。我喜欢的苣苔科植物牛耳朵是此间的优势物种。相对少见的吊石苣苔刚进入花期。分布广泛的短序吊灯花，像瀑布像帘子一样，四处垂落。

裂唇舌喙兰

兰科植物，我发现了四种，最惊艳的当属裂唇舌喙兰，花开正好，躲藏在草丛中，我把杂草清理完后，舍不得走了。干脆在旁边坐下来喝茶，有它做伴，茶水也似乎多了兰香。

这天下午最令我激动的时刻很快就来临了。

当时，我正在追逐一对交尾的蓝灰蝶，从旧暗的翅膀来看，已经算是它们的"黄昏恋"了。脚步惊动了一只浑身黑斑的蛾子，它从灌木中飞出，扑向小道另一边。注意到它飞起来的样子，我不禁一阵心跳，这是蝴蝶啊。还从未见过黑白色系又有着长长尾突的灰蝶，我紧张地盯着它的去处，飞过了三丛灌木，没停。我的心已经提到嗓子眼了，再往前一飞，它可就越过溪水去了对岸。

可能溪谷的劲风吹得它有点凌乱，它在空中原地绕飞了几个小圈，居然原路返回，翻身停在一根羽状复叶的下面。

机会来得如此突然。我深吸了一口气，以猫步悄悄接近，这下彻底看清楚了，它白底黑纹，后翅有带黑点的橙色斑，两个尾突十分抢眼。它只给了我 1 分钟左右的观察、拍摄时间就飞走了，还好我抓住了这 1 分钟。

走到大桥湾的出口处，是我预计的四点前，这里突然开阔起来，又

癞灰蝶

有着潮湿的石滩，本来应该是此行最佳观蝶场所。但是，阳光不见了。我一个人在石滩里走来走去，只有几种常见蝴蝶。

有点不甘心，我在石滩和小径上来回走，天气不见好转，只好打电话让志升来接我，等他的时候顺便拍了只蓝斑丽眼蝶。

次日，我们按计划去坡顶高山草甸毛漩涡，草甸里小水洼多，风吹草伏在小水洼四周形成类似漩涡的奇观，因而得名。毛漩涡有不少其他区域没有的蝴蝶，前几天队员们还看到了内黄斑粉蝶。

车只能开到半坡，我们先从车道往上走，经过农户后，沿草丛中辨认很不显眼的小道，穿过农家的药材地、树林，来到一片竹林前。林中一个灰暗的洞，就是上山的路了。

大家依次猫着腰往里钻，半个小时后，人人大汗淋漓。此时，先上

蓝斑丽眼蝶

去的人传话回来，顶上天阴风大，不建议我们上去。

纠结了一阵，想起刚下车时的地方，身上还有朝阳，确实越往上天越灰暗，后面的一个小时没看见一只蝴蝶，高海拔地区的小气候就是这样。不如先行下山，回到半山去。

拿定了主意，我转身疾走，想在集体下山前多争取点时间。半个小时后，我就回到了半山植被较好的那一段路上，果然和山顶截然不同，视野里阳光灿烂，蝶飞蜂舞。

一只棕褐色的黛眼蝶引起了我的注意，反面眼斑四周有紫色线纹，可惜太活跃，唯一停的一次环境又十分杂乱，只拍到两张不太满意的照片。后来才知道，这是苔娜黛眼蝶。

高山生境

而另一只单环蛱蝶，拍起来就十分舒服，它只在石块上停，双翅平摊，全力展示翅膀上的白环链条。

正拍得起劲，背后有喇叭声，原来张巍巍开着车下来了。他在距我不远处，发现了饰洒灰蝶，和昨天的相比，这一只鲜艳完整，而且停在一年蓬的白花上一动不动。我非常喜欢它突尾末端的白点，和翅上的白色线纹有着绝妙的呼应。

又过了一阵，其他车的人也下来了，我匆匆拍了黄重环蛱蝶就上车了，它的正面有着一个显眼的黄色"田"字。

大桥湾峡谷出口

单环蛱蝶

饰洒灰蝶

黄重环蛱蝶

二

我们的下一站是林口子。考察队员蒋卓衡和陆千乐在林口子拍到了群聚吃水的侧条斑粉蝶，说还有倍林斑粉蝶，喜欢斑粉蝶的我，一听高兴坏了，催着张巍巍赶紧收拾行李，我们好一起开车过去。

下午三点多，我们到达林口子，都顾不得进房间，直接开车就上山了。天气阴沉，一路并无发现。

我们开到这条护林道尽头，停车四处搜索。两里是两条步道的入口，我都去走了几百米，观察是否适合蹲守蝴蝶。

张巍巍从来是佛系刷山，下车后发现双翅目种类很多，就津津有味地拍了起来。拍着拍着，草丛里主动溜过来一条菜花原矛头蝮蛇，他只好顺便拍了。

我从第二条山道回来后，这条剧毒蛇刚刚溜走，失之交臂。

上车，往回开。车路过悬崖路段时，停住了。悬崖下一棵开满花的树，树冠差不多与路面齐平。上面蝶来蝶往，十分热闹。

"是金裳凤蝶吗？"远远地，我看到那群蝴蝶有着黑色的翅膀，后翅黄斑明显。

"应该是。"张巍巍说。

既然有蝴蝶，也应该有其他的访花昆虫。张巍巍取出捕虫网，准备大干一场。

林口子灯诱

看了看天色，似乎亮了许多，说不定一会还有夕阳呢，我决定弃车独自步行回去，有蝴蝶就拍，更重要的是沿途走走，可发现后面寻蝶的重点区域。

徐徐而行，左看右顾，我对悬崖公路非常满意，公路总能吸引蝴蝶，但悬崖下是全是树林的公路，吸引的就可能有树冠活动的蝴蝶了——那是我平时只能仰望的种类。

如果明天晴好，我会用三分之一的时间去流水处寻侧条斑粉蝶，三分之一的时间闲逛看看有什么偶遇，剩下三分之一的时间，我会在这条公路上蹲守，具体的点位已经筛选得差不多了。

吃完晚饭，其他队员开始了灯诱，我和张巍巍不约而同地先去夜探。刚走到入口处，张巍巍就低声说了句："有蛇！"

我从他旁边探身一看，一条受到惊吓的赤练蛇正快速往上扭动着溜走。赤练蛇习惯夜行，这应该是它刚出来寻找蛙类、蜥蜴等猎物的时候。

我们继续往前走，张巍巍的手电照亮了一棵树上的无数白色吊环，质地棉状。

"是蚧虫？"我问。

赤练蛇   交配中的象甲   日本纽棉蚧

"应该是，但是太奇怪了，没见过。"张巍巍说。

之前见过的蚧虫分泌的蜡丝或介壳，五花八门，但大多扁平地贴在树枝上。这种晃晃悠悠的一串 U 形甚至圆圈形的还真没见过。后来张巍巍查到了，是日本纽棉蚧，一种林业害虫。

拍完这种奇特的蚧虫，张巍巍转身去灯诱处，我继续往前，但没有太大收获，只拍到两对交配的甲虫，看来正是它们的好时节。

两处灯诱，蛾类为主，我喜欢的脉翅目物种几乎没有。有一只黄猫鸮目天蚕蛾倒是挺好看的，它的后翅眼斑仿佛有着猫头鹰的锐利眼神，所以得了这个名字。

回房间，整理这几天的笔记直到深夜，精彩的物种太多了，重温观察它们的情景，一切历历在目。

清晨，我被窗外的雨声惊醒，暗叫不好。起身到窗前往外看，只见外面大雨如注，电闪雷鸣。悻悻然回到床上，默默计划了一下，一直下雨就继续整理笔记。这是我雨季在西双版纳考察时训练出来的工作模式：雨停出门找蝴蝶，雨来回屋写笔记。及时写笔记的好处，是考察的所有细节和故事都还在眼前新鲜着，不用花功夫去回忆。

交配中的金龟子

黄猫鸮目天蚕蛾

这场雨直到下午 4 点前才停，埋头整理笔记的我一跃而起，提着相机就出门了。管护站和入口在桥的一侧，另一侧有一大片空地，有一条步道穿过空地直达小河边，这是我早就看好了的地方。

整整一天雨，和我同样饥渴的还有蝴蝶，我相信它们会下到地面来的。

雨点还在飘洒，阳光已晒到脸上。不出我所料，空地入口处的碎石路，已被一群黑色蝴蝶占据。

距离还有三米左右时，我认出其中有三只竟然是麝凤蝶，都是多姿麝凤蝶。我的印象中麝凤蝶很少下地，它们喜欢拖着有着红色斑纹的长长后翅访花，体态优雅、轻盈，只可远观，不可接近。谁能想到，在阴条岭，在林口子，居然可以这么近地观赏它们。

它们和宽带凤蝶混在一起，要想拍到好照片并不容易，我尝试拍了一些。然后小心绕开它们走进了空地。

空地一侧不规则地叠放着蜂箱，那一带发出令人生畏的"嗡嗡"声。我从另一侧路过，和它们保持着距离，只想到河滩上看看的我可不想被蜜蜂蜇成刺猬。

就在此时，事故发生了，我差点踩到一只斑粉蝶，它受惊飞起，东倒西歪地飞向了远处的树林。错过斑粉蝶的失误，是没太注意观察脚下，因为路面有草丛，一般来说蝴蝶喜欢更干净的路面。

飞起的时候，后翅正面黄色斑非常耀眼，像倍林斑粉蝶啊，我叹了口气。

大约一个小时后，我回到入口处，蝶群不见了，仅剩一只多姿麝凤蝶待在原地，无遮挡、无干扰，独自展现曼妙的身段。估计是有其他人经过，把蝶群惊散了。对我来说，这是好事。我终于可以拍到满意的多姿麝凤蝶照片了。

晚饭前，和当地护林员们聊天，他们相当肯定次日会是大晴天。这

多姿麝凤蝶

多姿麝凤蝶

好消息没能一直延续，晚上8点多，几个夜探队员提前返回，带来一个晴天霹雳：上山的路被山洪冲断了，已无法通行。

不甘心的我立即提着手电上路了，不到现场查看清楚，我是不会放弃的。我的侧条斑粉蝶们、我的树冠蝴蝶们，连和它们相遇的情绪都准备好了，现在你们说明天不能上山？！

大约走了1公里，我就来到了塌方处，右上方扑下的山洪已瘦身成瀑布，绝壁上的公路被冲出八字形的缺口，最宽处有20多米。我的手电，最后锁定在瀑布下方，水花四溅处，还有灌木和岩石紧贴着绝壁，并没有被完全冲走。这瀑布，明天早晨应该就完全没有了，贴着崖壁通过这段

我两天前就选好的重点蹲守路段

进山的路已断，但靠近岩壁人可勉强通行

悬崖应该没问题，毕竟有几棵树还在，它们的根须完全能牢牢地托起一条小路。

回到驻地后，两位护林员看了我手机拍的视频、照片，说小心一点通过没问题。驻地的水管也断水了，他们一早就会派人去，如果人没回来，就意味着可以放心过去。

清晨，我不太费劲、无惊无险地经过塌方区，快步向山上走去，充满奇遇的一天顺利开始了。

9点左右，我就到达了前一天看好的一个地方，这是悬崖公路的转弯处，山顶下来的次级平台，也是朝阳最先照亮的地带。

略有不方便的是，附近并无水源，我须跑步去60米外的泉水处接水。我准备了四个空矿泉水瓶，两个一组，把它们对准上面的滴水。十分钟后，就换成另两个空瓶子。

水被我源源不断地搬运到那段公路上，又在阳光下慢慢蒸发。这是一个枯燥的工作，像是为了锻炼身体而想出来的自我折磨手段。

奥蛱蝶

　　但是，蝴蝶不这么认为。浇水十分钟后，一只拟缕蛱蝶就飘然落下。可惜，我过于兴奋的脚步稍稍重了点，它拔腿而起，迎着我冲来，绕飞一圈后，走了。蝴蝶迎面飞向你的时候，从来不是欢迎，而是离去时的示威。这我知道，只是已来不及了。

　　来不及懊恼，因为另外两只蝴蝶很快就填补了这个空白，落在它离去之处。我没有理会其中的荫眼蝶，把镜头对准了不停扇动翅膀的奥蛱蝶。刚到红旗管护站的时间，和一只奥蛱蝶斗智斗勇 40 分钟，仍然没有拍到它清晰的正面照。这次太容易了，饥渴的它根本不理会我，甚至我为

拟阿芒荫眼蝶

　　了画面干净，伸手把它身边一片落叶捡走，它也没有挪动位置。这配合我工作的态度简直太感人了。

　　退回到路边的树荫下，满意地回放着奥蛱蝶的画面。我又喝了一口茶，有点无聊，才仔细观察那只荫眼蝶，刚才以为它是常见的黑斑荫眼蝶，这一看不要紧，大吃了一惊。这哪里是黑斑，明明是阿芒荫眼蝶呀，我只在书上见过的种类。我赶紧抄起相机，毕恭毕敬地匍匐着向它靠近。还好，还好，它并没有因为我的轻视拂袖而去，给我留足了拍摄的时间。后来，和蒋卓衡聊到这种荫眼蝶，他说，这甚至不是阿芒，阿芒的后翅亚外缘有着明显的黄色斑，这个种并没有。所以，我拍到的是拟阿芒荫眼蝶。

阿环蛱蝶

终于等到目标蝶了，一只侧条斑粉蝶从山上顺着公路飞了过来，我以为它会落在我人工制造的小湿地里，但它只在上面转了一圈，就往山下飞走了。过了一会，又一只侧条飞过来，几乎是同样的线路，同样的转圈。它们看不上我的劳动啊，我有点哭笑不得。突然想起曾在一个资料里看到过，斑粉蝶喜欢流水。

起身，背上双肩包，慢慢朝前面走去。我想看看有无它们喜欢的地方。一路侧条斑粉蝶不少，但都没怎么停留。我举着相机一路抓拍，终于拍到一只在岩石上飞飞停停的侧条斑粉蝶，勉强也算拍到一张。

一直走到两天前的下车处，我伸头看了看下面的深谷，那条步道一片昏暗，阳光尚未照到，就选了小的一条走了走，有点侥幸心理，是想能遇到那条菜花原矛头蝮蛇。但是没有，那一带的草丛里，只有一只阿环蛱蝶飞来飞去。

那一带不是蝴蝶的停留处，却是蝴蝶的通路，就半个小时左右，我目击了七八种蝴蝶经过，都是从更高的山峰飞下来，向着峡谷深处飞去。一定有一个未知的绝佳地点，可能是溪水边，可能是开满花的树在等待着它们。而我，只能这样仰着脸，目送它们路过，连种类都看不清楚。

中午以前，我回到自己的观察点，放下包，小跑着打水来浇到有些干涸的地上，然后坐到荫凉处，为自己准备自热饭。

远远地，一小片金光在潮湿的地面一闪，就多了一只灰蝶。

这是金灰蝶或者艳灰蝶啊，我所期待的树冠活动的蝴蝶来了！扔下自热饭，也不管正在撕开的米洒了没有，我一边拿起相机，一边叮嘱自己别急，让它吃喝一会，吃得忘乎所以。多在树冠活动的蝴蝶，必定是超级敏感的。不掌握好节奏，万一失之交臂就太可惜了。

我忍了3分钟，才慢慢向它靠近，慢得几乎感觉不到自己的移动，只有我的双腿默默承受着慢动作带来的额外负荷。这是一只天目金灰蝶，我在野外终于首次看见金灰蝶了。它比我想象的更惊艳，那一闪一闪的

天目金灰蝶

金光，把我浇出的小湿地变成了仙境。可惜的是，它已经过了平摊翅膀吸收阳光的时间，应该是在树梢完成了这个环节，现在扇动翅膀，只是为了走来走去时保持身体平衡。拍好反面后，我站起身来，通过镜头向下俯视着，想拍到它金光闪闪的正面，但一直没有时机。

突然，镜头里一黑，金灰蝶不见了。重新对焦，同样的位置，变成了一只硕大的黑色凤蝶，浑身金斑。显然，是这只窄斑翠凤蝶的鲁莽俯冲，惊走了金灰蝶。我慢慢退后一步，蹲下，拍摄它的反面。向后才能拍到完整画面，往往是面对大型蝴蝶才可能发生。

我回到阴凉处，收拾打翻的自热饭。自热饭开始冒热气的时候，又来了一只传说级的蝴蝶：康定黛眼蝶。这是一种分布很窄的蝴蝶，目前的资料显示仅在四川、重庆有发现，我在网上甚至没有查到它的生态照片。康定黛眼蝶非常耐看，不仅配色高级，后翅反面自下而上的第2个眼斑有一小团橙色，我个人喜欢用这个标志来区别它和比较接近的几种黛眼蝶。

窄斑翠凤蝶

　　阴条岭不仅源源不断地给我这个迷恋蝴蝶的人送来令人惊叹的物种，还给了绝妙角度的日光，让康定黛眼蝶拥有了铺满灿烂光斑的背景，它也绝对配得上这个待遇。

　　吃饭的时候，我的观察点安静下来，访客只有两只残破的粉蝶，后来，粉蝶也离去了，我的几次浇水，只是浇了个寂寞。

　　正午蝴蝶都会避开烈日，很少落地吸水，我只是再次证实了这个规律。把垃圾收拾好，打包背上，是去走陷落在深谷里的步道的时候了。

　　从长长的石梯下到沟底，全身一阵清凉，不管从哪个角度看出去，都像是自己缩小了，走在一个精心设计的盆景里，巨石、悬崖上的树、小桥、溪水完美地组成了一幅幅立体的山水画。

　　过桥，继续往上走，蝴蝶开始出现，有在我的观察点出现过的窄斑

康定黛眼蝶

黑角方粉蝶（较少见的色型）

翠凤蝶、荫眼蝶，也有没出现过的蛱蝶和绢粉蝶……有一只，我觉得应该是冰清绢蝶，可惜只是掠过我，没给我拍摄和观察的机会。

徒步"刷山"，见得多拍到的少。蹲点则刚好相反，见得少拍到的多。我在这条路上来来回回，走了两个小时，最大的收获是拍到一种罕见色型的黑角方粉蝶，一只网眼蝶。

网眼蝶栖息地是海拔 1000 米以上的山地，在此之前，我仅在重庆的石柱、城口两处拍到过。把这三次的拍摄点在地图上连接起来，正好把大巴山和巫山山脉连接在一起。在我的历年考察中已发现，在城口、巫溪两处拍摄的野花，物种非常接近，同时，又和神农架的物种接近。神农架的植物图鉴出版最为丰富，不知不觉，我已经习惯了用神农架资料查对这一条线的物种，非常对路。

黄色翅膀上挂着黑网的网眼蝶，又让我想起了这条生态走廊的各色物种，它们和很多野花一样，在我们深入认识西南生态环境的时候，能起着地标或者路标的作用。

　　回到观察点，看到有几只熟悉的蛱蝶，我没有停留。只是把空矿泉水瓶收了。大步流星往山下走，现在是到山脚那段路寻找侧条斑粉蝶的最后机会了。我个人判断，下午4点以后那里将是一片昏暗，再无蝶影。

　　离开悬崖，公路进入树林。有点不适合树林里的光线，我放慢了脚步，特别注意观察有流水漫过路面的路段，侧条斑粉蝶应该就在这样的地方落脚。走了很久，有其他蝴蝶，却一只侧条斑粉蝶也没有，我只好又加快了脚步。就在一个流石堆满路面的急转弯处，脚边惊慌地窜起两只黑黄色相间的蝴蝶，正是侧条。糟了，没想到这个小小的低洼处，也有雨水。我后悔自己的冒失，却并没有停留。以半天来对它们的了解，短时间内它们是不会回来的。

网眼蝶

侧条斑粉蝶

倍林斑粉蝶

愁眉线蛱蝶

艳灰蝶

司环蛱蝶

朱肩丽叩甲

又走了几百米，我又走进了路面全是流水的区域，远远看过去，我就松了口气。再也不会失之交臂了，几十米长的路上，足足有十来只侧条斑粉蝶、倍林斑粉蝶，多数停着不动，偶有一两只来回飞，时不时会再落到地上。

这场景正是我所想的。别说沉浸在里面拍摄、观察，仅仅是这远远的观望，也让我心醉神迷。我曾在泰国苏海岛的潮湿海边见到过优雅的斑粉蝶蝶群，在云南西双版纳野象谷附近的野溪边见到过报喜斑粉蝶的蝶群，每一次都有如目睹神迹，不能自已。我没有着急拍摄，只是隐身在道路一侧的树丛阴影里，一只一只地观察着，看它们的腾空，像一个小盒子在空中倾倒出金色和白色……乐此不疲，永不厌倦。这是惊喜不断的一天，而它的尾声如此盛大和精彩。

离开林口子那天，听说还有半天时间，我又去重走了这条山道。在同样的观察点，我浇的水吸引来了树冠活动的艳灰蝶，时间太短，我又拍了几只蛱蝶和一只漂亮的叩甲就匆匆离开了。

黄昏时到达林口子管护区核心区

三

还在林口子的时候，先期到达黄草坪的考察队传来消息，蝴蝶多得夸张，随处可见。数量多也就算了，我在蒋卓衡发出的一张蝶群照片里，竟然看到了长纹电蛱蝶，这是重庆的蝴蝶记录以外的种类。4组轮换考察区域的好处，是可以提前锁定目标。小蒋还向我详细介绍了蝶群点位，是某个太阳能杀虫灯下面的水泥基座，让我按图索骥。

从林口子转场到黄草坪，路上足足开了三个多小时，后半段是完整地穿过了兰英大峡谷，直抵峡谷上方的最后一个村庄。当晚，我随大伙进去灯诱，也想顺便寻找蝴蝶。

我想，高山草甸附近的树林，应该就是蝴蝶喜欢过夜的相当高处。既然蝴蝶密度大，晚上找到它们应该不太难。

晚上8点多，车到了公路尽头，下车就惊呆了，眼前四处盛开着黄色的花朵。我认出是黄花鸢尾，野生的它们，比我在公园里看到的自在多了。顾不上寻找别的野花，我直接走上了通往山坡和树林的小路，和我想象的完全不同，这些树干干净净，连蝴蝶的影子都没有。一个多小时后，总算发现了停在草叶上的黑角方粉蝶。

遍地都是黄花鸢尾

蝎蛉

　　灯诱来的蛾类居多，我兴趣不大，自己去草海里找蝎蛉拍，我觉得它比那些小蛾漂亮多了。

　　次日清晨，身着绿T恤衫背一个粉红双肩包的护林员，骑着一辆红色摩托来给我们带路。我猜他不是故意要打扮得这么风骚，只是顺便背了个家里小孩子不用的包而已，山里反正不用讲究。

　　车开出十来分钟，就穿出了村庄，进入了林区，上山后一个转弯，我们就进入了另一个新世界。一直延伸向前的公路上，飞满了蝴蝶。第一个太阳能灯出现的时候，我赶紧叫停车。张巍巍看了看，很赞同："这儿不错。"

　　"我就从这里开始徒步，你们继续。"

午夜时分的黑角方粉蝶

　　"那盒子里有一只蝴蝶。"张巍巍扭着头一直在看太阳能灯，确认后才开车走了。

　　塑料盒子，本来是收集蛾类尸体的。灯应该是用来杀灭松毛虫之类的蛾类，但这个灯似乎没有工作，盒子干干净净，一只蝴蝶在里面扑腾。

　　仔细一看，竟然是卡特链眼蝶（有新研究提出本种为思遥链眼蝶，本书暂不更新）。链眼蝶属的蝴蝶翅外缘都有着链状眼斑，反面眼链更有神采。卡特是国内链眼蝶家族中最漂亮的。现在正是它们的发生期，同行们前几天已在巫溪以及紧邻的巫山发现。

　　这个漂亮的小囚徒绝望地缓慢扑腾着，如果不是遇到我，它会扑腾至死。抓标本是可以的，拍摄不可能，盒子一打开它就飞了。我稍稍纠结了一下，相信在后面的徒步中会有机会拍摄，就在短暂的观赏后把它放走了。

　　我很快就进入了疯狂拍摄的工作状态。20多年全国寻蝶，我从来没有见过如此夸张的蝶路，种类繁多的蝴蝶沿途飞舞，起起落落。路面上，

单环蛱蝶

拟缕蛱蝶

戟眉线蛱蝶

时时出现被过路车辆撞杀的蝴蝶，可见密度高到什么程度。

数量最大的是单环蛱蝶，对人类几乎无感，我在拍摄后甚至能摸一摸它们的翅膀。拟缕蛱蝶则刚好相反，距离3米左右必定起身飞走，仿佛它们自带了一个无形的量尺，随时测量着自己和人类的距离。

在林口子用水引诱来的第一只蝴蝶就是拟缕蛱蝶，很快被我的微动作惊走。此蝶远远看上去，反面略像我熟悉的藜藜纹脉蛱蝶，相比之下色纹更纤细精巧。作为重点目标蝶，我非常有耐心地跟着它，终于获得一次逆光拍摄的机会。

戟眉线蛱蝶，我是在追踪拟缕蛱蝶的时候顺便拍的。这种蝴蝶也很有意思，名叫戟眉，你从正面其实看不出来，戟形藏在反面，很低调的。

拍摄拟缕蛱蝶太难了，我用了半个小时才得手。没想到，下面还有

戟眉线蛱蝶

巧克力线蛱蝶

更难的目标——巧克力线蛱蝶。巧克力线蛱蝶和红线蛱蝶，是线蛱蝶属的颜值代表，不分伯仲。我个人似乎更偏好前者：正面一片巧克力色，仅在后翅尾部点缀一对橙斑，反面有着鲜艳的红褐色，配色大师级，相当讲究，百看不厌。

六月的阴条岭，每个区域都有明星蝴蝶，但没有一种是省油的灯，都很磨人。我一边慢腾腾地跟着巧克力线蛱蝶，一边这样想着。前后追踪了6只巧克力，有2只拍好后才发现翅膀残缺，真是太难了，它们比拟缕蛱蝶更敏感，不易靠近。好在追踪过程中，顺便拍了不少常见蝴蝶，对记录此区域蝴蝶种类也算有用。

上午10：30，前面出现了一户农家。屋前屋后，全是蝴蝶在飞，我目击到3只卡特链眼蝶。不走了，我朝着远处干活的主人打了个招呼，把双肩包取下来，准备在这里大干一场。主人是个中年汉子，远远地点着头挥手，示意我可以进屋。他可能以为我是来要开水的。

我没进屋，径直来到屋前的水龙头处，应该是接的山泉水，水压不大，水温凉爽。用水瓢接水，把附近全部浇湿，我才慢悠悠取出杯子喝茶，

琉璃蛱蝶

等着看好戏。

　　很奇怪的是，目击到的几种蝴蝶仍旧在四处乱飞，最先到地面吸水的，都是其他的过路蝴蝶。

　　最先到的是绿豹蛱蝶，是个大路货（它反正不知道我会这样说它，所以就直接点），全国广泛分布，到处可见。然后是两只琉璃蛱蝶，也是大路货。我继续喝茶，稳如泰山。

　　十分钟后，大神驾到。一只紫闪蛱蝶飘然而至，此时地面已干，只

绿豹蛱蝶

有院坝边缘还略有点潮湿。我慌忙伸手抓相机，一刻也不敢犹豫。闪蛱蝶属中，最容易拍到的是柳紫闪蛱蝶，最难的就是紫闪蛱蝶。在此之前，我对这种蝴蝶的记录全是长焦镜头所得，从未有过微距镜头的拍摄机会。这次，是它自己送上门来的，岂能错过。

蝴蝶永远不会按你的计划出牌，这里的蝴蝶尤其如此。

被水光吸引过来的卡特链眼蝶，一直警惕地在屋檐一带活动，下来好奇地转一圈马上又回去。不知何故，它突然大胆起来，先是落到我身后的椅子上，后来干脆飞到我的手背上吸食汗液。蝴蝶上手是常事，每次我都有一种特别的愉悦感，这是寻蝶过程中的另一种福利。

一只苔娜黛眼蝶，像是一个出色的美食家，它把时间均匀分配到湿

紫闪蛱蝶

卡特链眼蝶

地和院角的蜂箱上。吸完水，必到蜂箱上吸食蜂蜜——我注意到那里有斑斑点点的蜂蜜，估计是主人取蜜的时候滴落的。为了更好的口感，它就这样来回飞着，不辞辛苦。

我离开农家之前，又来了一只黄环蛱蝶，它有社牛特征，一来就落在我的包上，继后又跃起落到我的手上，让我可以近距离地上上下下观赏。

差不多待了一个小时，没见到新的蝴蝶飞来，我才离开这户农家，继续沿着这条黄金蝶道往前走。

远远地，看到一只蛱蝶立于路面，似兼有白色、褐红色纹带，难道是红线蛱蝶。它和巧克力线蛱蝶都在陕西有分布，出现在三省交界的阴条岭还真有可能。怕惊飞它，我远拍了一张才小心地靠近。当它清晰地出现在镜头里时，我才看出是锦瑟蛱蝶，正面略有点相似，反面区别很大。

临近正午，我在一个岔路口又看到太阳能灯了，观察了一下，正是蒋卓衡给我详细标注的蝶群处，但是只看到几只粉蝶。

又去分岔的小道逛了一圈，追逐几只眼蝶，成功拍到了其中的苔娜黛眼蝶，这一只蝶翅完整、颜色鲜艳，超过之前拍到的。

无意中，看见远处有一个水池，阴条岭临时打水工可以上岗了。

这个灯的水泥座台之所以吸引蝴蝶，是有死虫黑腐后的渣落到上面。由于觉得那个地方被草丛围合，不够开阔，我搜集了一些虫渣到公路边，又搞了一个点位。两个点位同时浇水，符合我的工作习惯，以勤补拙。

黄环蛱蝶

锦瑟蛱蝶

苔娜黛眼蝶

和刚才的农家不同，这次浇水简直是水到蝶来，太神奇了。公路边来了卡特链眼蝶、老豹蛱蝶、琉璃灰蝶等，仅卡特链眼蝶就有3只。水泥台座来了拟缕蛱蝶、大展粉蝶等。我一时眉开眼笑、手忙脚乱，两边跑来跑去。

每十分钟，我就跑到水池里打水一次。有一次回来时，很远就看见公路边多了一只陌生的黄色蛱蝶。前翅的眼斑有点熟悉，让我想到柳紫闪蛱蝶，但这只是闪蛱蝶吗？我拿起相机才拍两张，它就飞走了。后来查到它还真是闪蛱蝶属的，曲带闪蛱蝶。

我在这里浇水的时间开始得有点晚，半个小时后，蝴蝶们就散去了。

一天中最热的时候到了，路面上蝴蝶稀少，我背起双肩包，一边徒步一边吃干粮。一直走到前晚的道路尽头，有些考察队员在草地里举网捕虫。我打过招呼折返，近两个小时的徒步，浑身被汗水湿透，仅拍到一只藏眼蝶，但是浏览了一遍黄草坪的生境，看到了高山草甸的景致，也还不错。

下午3点，回到岔道口。中午浇水没引来此行的重要目标长纹电蛱蝶，我还想试试，放下背包，打水工再次上线。

蒋卓衡拍到蝶群的点位

拟缕蛱蝶

曲带闪蛱蝶

琉璃灰蝶

藏眼蝶

　　这一次，水泥台座空空如也，公路边的点位来蝴蝶了。浇水引蝶，大概率是流水席，上午下午来吃喝的客人很少有相同的。

　　我一一记录了来访的蝴蝶，多数是环蛱蝶和带蛱蝶，其中有一只属于令人头痛的环蛱蝶中的黄色纹组，它们正面彼此相似，难以辨别，需

我反复跑去取水的池子

要看反面细节来确认。后来还是小蒋帮我鉴定的，是我从未拍到过的奥环蛱蝶。

我在这个点位守了一个多小时，后面 20 分钟，已没有新的蝴蝶前来。前面的路面上，会不会也换成了别的蝴蝶呢？低头一想，我就收拾起背包、器材，慢慢朝驻地方向走去。

路面上基本没有蝴蝶了，看来，它们爱来的时间是清晨而不是全天。

我仍然保持着高度的警觉，越是空空如也的路面，越要小心翼翼，经验告诉我，其他蝴蝶少的时候，反而会出现一些特别的种类。

走了半个小时，前面的路面铺满树荫，在那斑驳的光线里，一片树

奥环蛱蝶

奥环蛱蝶

白斑俳蛱蝶

白斑俳蛱蝶

重环蛱蝶

叶似乎微微动了一下，而此刻并无微风。我立即顿住身形，改成最轻的步子慢慢走近，果然是一只蝴蝶，而且是非常罕见的白斑俳蛱蝶，它属于一个冷僻的家族俳蛱蝶属，国内只有4种。

它在路面上平摊着略有点旧的翅膀，能尽情观赏到正面的大小三对白斑。拍好正面后，我干脆盘腿在它旁边坐下来，安静地等着，说不定它会竖起翅膀，再让我观赏它华丽的反面呢。

四

　　我们在一个清晨离开了开满独活花的村庄，离开了黄草坪，往来时的方向重回兰英大峡谷。距离本期阴条岭考察结束，只有大半天时间了，我们还能干什么呢？

　　在大峡谷缓缓上升、收窄的尾段，有一条不显眼的支路，隐约通向另一个小峡谷。在此之前张志升已带人在此考察过，收获颇丰。我们的收官之作，就安排在这里了。

村民们种的独活

车谨慎地慢慢往里开，头上有突出的岩石，左边有溪流，不时有凤蝶掠过车窗。我和张巍巍都连连惊叹，志升太厉害了，一年时间成了"巫溪"通了，这么隐秘的角落都找得到。

我们的终点是坡上的一个农家，穿过他家院子，有一条小道直通溪流方向。队员们稍微整理了一下，分成几路各自开工。

小道往前延伸30米后，右拐上坡。在它的拐弯处，我停下了脚步。这里有一条更小的路，紧贴着水渠，看上去很不错。没多想，我立即脱队，反正追踪蝴蝶，人少更好。先走一段小路，后来就是直接走在水渠的外沿上，下面是悬崖，每一步都得小心。

我选中了这个幽静的小山谷

躲在悬钩子叶子下面的密纹飒弄蝶

　　在需要专注走路的地方，偏偏还出现了一只翠蛱蝶、一只飒弄蝶。站稳后保持身体不动，我才敢抬头观察、拍摄，飞行范围大的翠蛱蝶是顾不上了，走走停停，最终拍到了那只弄蝶。飒弄蝶是大型弄蝶，它们彼此很相似，要靠前翅白斑的细微不同来进行区分。拍的时候，我以为是蛱型飒弄蝶，现在放大前翅仔细辨认，原来是密纹飒弄蝶。这个种分类挺广，我却是第一次在野外见到。辨认出的一瞬间，我就感觉这条小道选对了。

　　走完水渠，是一个废弃的堤坝，已从中间整齐扒开，任由溪水自由穿行。修坝往往选择辽阔水域的收窄处，这里就是这样，站在堤坝上，前面溪谷宽阔，身后坝下狭窄。千军万马，到此得收拢挤在一起通过。

　　好地方啊！四处察看了一遍，不由得心花怒放。从我的角度看，分散的蝴蝶飞行线路，到此也得收窄，重叠在一起，重叠处的下方正好是

密纹飒弄蝶

堤坝。没错，此处的堤坝是绝佳的蝴蝶观察点位，只是现在阳光未至，所以一只蝴蝶也没有。

我放下包，取出空矿泉水瓶，到溪水边先洗了个脸，才开始打水。取水如此近便，就不用太节约，按照我自创的双点位法安排起来。

所谓双点位法，是以水或鸟粪等诱蝶时，最好同时在两个点位进行，之间相距不得小于 3 米。这样，在一个点位近距离观察拍摄时，另一个点位不受惊扰地继续接纳着蝴蝶，蹲守效率得以提高很多。

张巍巍看了一下我的工作现场就转身回去了。反正还早，我也跟着他走完水渠，准备先上坡去看看。还没从渠道上跃下，张巍巍想起了什么，又转身来和我说话。他的这个转身价值千金，因为得继续留在渠道上等他开口——就在此时，一块岩石从天而降，落在我计划落脚的地方。

好险！我们两个呆了一下。

黎氏青凤蝶

多姿麝凤蝶

源源不断地补水，终于吸引来了蝶群

"上面的人脚下小心点呀！差点砸到人了！"张巍巍仰着脸吼道。

"是风化的石头，那上面没人。"我观察了一下悬崖上方，无路可上，上面也真的没人。

"老天不想让我现在去，那就晚点吧。"我笑了一下，干脆不上坡了，和他一起往外走去。

峡谷里的阳光来得比较晚，逛了一圈回来的我，并没看到任何蝴蝶。接近 11 点，堤坝才被阳光完全笼罩，气温开始上升。

最先到达的，是一群青凤蝶，七八只热热闹闹地占据了一个点位。我缩在角落里，一动不动，通过 105mm 微距头，它们后翅肩角的橙色斑十分抢眼——不用说了，黎氏青凤蝶。我一直靠这个特征来区别黎氏、碎斑青凤蝶，它们其他部分非常接近。

我没着急凑近拍，干脆起身去了溪边，因为有一只灰蝶在那里活动，看上去很不寻常。确认是一只褪色严重的波太玄灰蝶后，回到观察点，发现青凤蝶群中多了一只麝凤蝶，这可是一个停不住的主，我慌忙匍匐接近，按下快门，不出所料，仍是这几天频繁见到的多姿麝凤蝶。它停留时间真的很短，可能青凤蝶的拥挤让它不太舒服。

堤坝上的两个点位，低处的被凤蝶占据，体形小的弄蝶和灰蝶只好在高处活动。我的目光在两者之间来回看，生怕错过了某个低调而重要的访客。

11：30 左右，无意中瞥见，在两个点位之间居然停着一只蓝黑色的蛱蝶，不知道是何时来的，那个区域之前没有停落过任何蝴蝶。从蓝色、体形大小来看，是我熟悉的素饰蛱蝶。当时我正紧张地盯着一只硕大的凤蝶，想确认它是宽带凤蝶还是玉斑凤蝶，还顾不上这只蛱蝶。

过了 5 分钟，视线再次无意识地扫过那个区域，我不由得全身一震——它前翅的反面有着长长的白色波纹，素饰蛱蝶的同样位置是白色斑点组成的链条。天哪，竟然是我这几天一直梦想见到的长纹电蛱蝶。

电蛱蝶家族在国内只有两个成员：电蛱蝶和长纹电蛱蝶，我在云南布朗山和贵州茂兰两次偶遇前者，而分布更小的后者从未得见。长纹电蛱蝶前翅的波纹更长，内外波纹连接成一个完整的闪电形状，所以得名（也叫长波电蛱蝶）。

我快速拍好它的正反面后，踮着脚撤出现场，赶紧给张巍巍留言"速来"，让他也能观察一下阴条岭蝴蝶家族的神物，毕竟是重庆没有记录的蝴蝶。

我缩在角落里，怕惊走这位珍贵的客人。但是张巍巍来得太慢了，他在路上还慢条斯理地拍了翠蛱蝶。他的身影出现之前，我目睹一只二尾蛱蝶的冒失降落，像一架失事的飞机，东倒西歪地砸下来，正好砸中长纹电蛱蝶。后者惊飞后，没有再回头。

"没有了，电蛱蝶飞了。"我说。

长纹电蛱蝶

白斑妩灰蝶

"噢，那就飞了呗。"张巍巍对蝴蝶没有我上心，顺便就蹲在那里拍起弄蝶来。

我又拿起相机，看了看长纹电蛱蝶，前翅那一串闪电，真是太迷人了。

"你包上那只蝴蝶，其实也不错。"张巍巍说这话的时候头都没抬。

回头一看，双肩包上不知什么时候多了一只带蛱蝶。我就靠着包站着的，还动来动去，它也赖在上面不飞走。仔细观赏，不由一惊，这只带蛱蝶正面中室的白条斑竟然带着一个钩形。戟眉带蛱蝶同样位置反面是钩形，但正面却几乎看不到钩。我想到答案了，除了倒钩带蛱蝶还有谁配得上这个夸张的钩形？带蛱蝶家族中的第一钩，非它莫属。

我统计了一下，差不多一个小时内，堤坝观察点到访的蝴蝶有13种之多，有长纹电蛱蝶、倒钩带蛱蝶这样的明星物种，其他比较常见，除了前面提到的，我还拍到了网丝蛱蝶、圆翅钩粉蝶、白斑妩灰蝶等。

芒翠蛱蝶

午餐后，我先去堤坝处看了看，才慢慢往坡上走。就在落石处，有一只芒翠蛱蝶起落，君子不立危墙之下，本人匆匆拍了张照片就赶紧离开了。

烈日炎炎之下，我在细长的山道上陷入了困惑之中。在这条道上，我看到两只眼蝶，都很像苔娜黛眼蝶，但仔细比对，又发现一只后翅只有5个眼斑（已有资料记录苔娜是6个），另一只前翅清晰眼斑有4个（已有资料记录是3个），如果它们都是苔娜黛眼蝶，那这个物种的眼斑还真是不稳定，仅在阴条岭我就拍到了三种眼斑组合，没拍到的还有多少？

这时，在外野餐的其他队员回来了，人还没到，声音先至："李老师，前面屋后水沟有蝶群！"

此时，距离我们离开兰英大峡谷的出发时间仅有半小时了。

苔娜黛眼蝶

大展粉蝶

箭环蝶

莎菲彩灰蝶

边纹黛眼蝶

　　来不及多想，我拔腿就跑。算了下，除开来去时间，我只有十分钟的寻蝶及拍摄时间。

　　在这被高度压缩的十分钟里，我在屋后水沟拍到了碧凤蝶、宽带凤蝶和大展粉蝶，在土墙上拍到了边纹黛眼蝶，而在另一片苞谷地里，我追踪并拍到了箭环蝶。每一只蝴蝶给我的时间都不多，幸运的是，我每次按下快门都如有神助，抢在它们飞走前凝固了那些美妙的瞬间。

张巍巍在堤坝上拍弄蝶

04

金佛山寻蝶记

一

　　五月，清晨，金佛山南坡民宿小院门口，我和两个早起的年轻同伴正观赏一只红大豹天蚕蛾。它昨晚被灯光吸引到这里，本该在天亮时离去，可能是露水浓重，朝阳都照到它身上了，才慢慢地从草丛移到石头上，作起飞前的准备。

　　"这只蝴蝶比昨天的都好看。"一个同伴说。红大豹天蚕蛾全身金黄，前后翅靠后缘各有一个橙红色斑，看上去平添几分华美。

"不是蝴蝶。"我笑着说。对我来说，这种好看的蛾经常见到，而前一天在头渡镇一山村拍到的蝴蝶，才真正让我心动。

那只蝴蝶正面黑白相间，中室白色斑条的几处独特的缺刻是它身份的标志。如果说白色斑条犹如长矛，那它的长矛既锋利又带着锯齿，让人过目不忘。拍到它时，基本判断是重环蛱蝶的雌性。环蛱蝶家族中，它还有一个与自己长相酷似的双胞胎，叫德环蛱蝶。区分它们的雌性只看正面有点难度，有反面就很容易。

"神龙峡是金佛山非常好的观蝶线路，今天能看到好蝴蝶。"看了看天，我又说道。

早上9点过，我们在神龙峡入口换乘电瓶车沿溪流上行，路过一休息区，我赶紧叫停。峡谷里仍很阴暗，从山崖上的缺口处漏下几缕阳光，

金佛山南坡风光

红大豹天蚕蛾

直射一个角落，看上去就像是漆黑的舞台被追光灯照亮的效果，那里的植物和闪烁的蝶翅，都是半透明的。

我翻身下车，直扑过去。朴喙蝶、珠履带蛱蝶、琉璃蛱蝶……镜头移动着，确认，再放弃，再确认，再放弃……全部确认后，没有陌生的蝴蝶，我就会迅速离开。上午的时间珍贵如黄金，得把它们花销在更陌生的蝴蝶上面，最好还能为金佛山的蝴蝶名录增加一两个名字。

就在准备彻底放弃的时候，一只黑黄相间的环蛱蝶映入了我的眼帘。它的前翅中室的斑条与外侧眉形斑相连，正是我近期最感兴趣的一类蝴蝶。这类前后翅色斑连接成一个黄色环形的环蛱蝶，资料上一共查到约12种蝴蝶，若干年前，我傻乎乎地以为是同一种。经过蝴蝶高手们的教育、再教育，才明白这是蝴蝶们共同组成的一道超级难题，你得结合正反面的细节才能逐步破解。

珠履带蛱蝶

折环蛱蝶

折环蛱蝶

拍好正反面后，我放大影像研究。从反面看，它在后翅前缘中部突然向下弯曲，这样的形状非常罕见。肯定是没见过的角色，我不禁暗自惊喜。此蝶后来鉴定为折环蛱蝶，特别的后翅外形正是其雄性才有的特征。

回车上，继续前行。终点站下车后，一路观察，确定了三个点位作为观察点。神龙峡其实从入口处就可以徒步，全程都可观赏蝴蝶。暮春，正是野外蝴蝶种类迅速增加的阶段，上午黄金时间的分配就很重要了，我的选择是根据季节放弃前面的步道和后面的环山道，只取中间。以广场为圆心，来回搜索，就能碰到更多蝴蝶，进而发现没见过的种类。

神龙峡最美的徒步段落是环山道，我力劝一对年轻人去走走。他们本来想观察我的工作，看看有什么需要帮忙的，但他们真的帮不了。在做好所有安排后，一切只能交给缘分。

其他的游客还没有进峡谷，广场空荡无人。当然，也没有蝴蝶，因为阳光还照在树梢上。我闲逛了一圈，发现小吃铺开门了，就点了一份油茶。南川的油茶，是用本地茶叶和腊肉煎成，别有一番风味，我到金佛山必吃。

神龙峡步道旁全是植被浓密的山崖

神龙峡有着迷人的溪谷

一边喝着油茶，一边和正在维修的景区水电工聊天。

"你别动！"我突然喊了一声，放下碗就抄起了相机。有一只黄褐色的灰蝶，落在他脚后跟不远处。

"是蛇吗？"水电工的淡定让人佩服。

这是一只福建锯灰蝶，在重庆只在春季至初夏偶见，数量极少。它在地面没待多久，就飞回有阳光的灌木上继续充电。

"不是，是一只比较少见的小蝴蝶。"拍完后，我才起身，尽量讲得更容易听懂。多数人不知道灰蝶是什么。

"一会我去把广场上的喷泉开了，会来很多蝴蝶！"水电工的友好让我温暖。

11点左右，阳光倾泻而下，笼罩着整个广场和步道。我在几个点位之前穿梭着，在蝴蝶中辨认着，额头全是汗珠。

30分钟过去了，并没有发现特别的蝴蝶。退回到屋檐下的阴凉中，

福建锯灰蝶

我取下双肩包，喝了会儿茶。这时，一只黑白相间的蛱蝶，在空地上绕飞一圈，落了下来。还真是我离开，它就来。差不多成了规律。每次在即将离开或假装离开的时候，就会有蝴蝶飞来。难道我的离开会造成某个空白需要一只或几只蝴蝶前来填充？

眯着眼看了一阵，心里微动——它前翅反面中室斑条的缺刻很特别，就像雕刻得不够干净，还有一些部分停留在缺刻处，又有点像小嘴呼出的一小团白气还停留在空中。我站了起来，这不是司环蛱蝶吗？在四面山跟踪过几次，都没得到满意的影像，这次可是它自己送上门来了。

拍到司环蛱蝶的正面后，顺手又拍了好几种蛱蝶的反面，在地面上拍蝴蝶反面很容易。

司环蛱蝶

阳光更加炽热，会不会环山道上也有一些蝴蝶呢？我背上包，提步往广场左侧的山道入口处走，水电工早已打开了喷泉，空中飘着水雾和水珠，但周围并没看到蝴蝶。它们更多地出现在我早上看好的几个点位。

真的很幽深啊！走在步道上，我忍不住感叹。外面烈日，里面却是凉风习习，估计要走到悬崖上才会回到阳光中。可能正是这个原因，我惊讶地发现已在其他地方过季的野花，这里仍在盛开，比如牛耳朵，比如厚叶蛛毛苣苔。"长恨春归无觅处，不知转入此中来。"白居易的诗句，很自然就从记忆的深潭里浮了上来。

折返，没有继续往上，我判断这个季节还是要坚守更开阔的广场一带。已有折环蛱蝶、司环蛱蝶这两个重要收获，说不定还能再来一

厚叶蛛毛苣苔

光照较少，崖上的牛耳朵刚进入花期

环，成就环环相扣、惊喜不断的一天。

两位年轻人已经轻快地走完环道归来，我和他们吃了个简单的午餐就继续工作。和上午相比，扩大了搜索范围，另外发现有两处本来泥土潮湿的点位已经变干，我又去各浇了两瓶水。这里取溪水很容易，有空矿泉水瓶就行。

浇水后，效果奇好，有个点位来了十几只蝴蝶，没有我特别想拍的，只是看着蝴蝶就欢喜，就一直微笑着看它们。

离开蝶群，在另一个靠近溪边的点位，出现了一只黑黄相间的蝴蝶，非常活跃，在石头上的鸟粪和地面浇出的水洼两处来回吸食。讲究啊，我赞叹道，这相当于吃点菜再喝点酒的节奏，来回辛苦，主要是没有筷子。

我不敢造次，一直等到它比较安静地吸水，才悄悄靠近。果然是一只特别的环蛱蝶，看清楚前翅后翅，感觉不是泰环蛱蝶就是玫环蛱蝶，前者重庆有记录但未见生态照片，后者重庆无记录。不管哪一种，都是极难见到的。此时，经过的游客很多，我心里眉开眼笑，脸色却十分平静——怕我的兴奋引起路人好奇，脚步一围过来，蝶就飞了。这样的事情发生过很多很多次了。

此蝶后来被鉴定为泰环蛱蝶，在我浇水的附近，一个小时内几次来去，让我得以近距离仔细观赏。

泰环蛱蝶

迷蛱蝶

重环蛱蝶

重环蛱蝶

今天的环环相扣不仅于此，就在同一时间，还来了一只重环蛱蝶，正面和昨天那只一模一样，而反面后翅基部为清晰的白色斑点，这就彻底排除了是德环蛱蝶的可能性，后者后翅基部为分散的几个白斑。

二

金佛山的观蝶线路很多，我去得最多的是西坡的碧潭幽谷，从海拔高度约 1100 米的索道下口出发，多次自上而下穿过整个峡谷，能看到生活在不同海拔高度的蝴蝶。

2022 年，重走几条观蝶线路，进碧潭幽谷的时间选到了六月中旬，由于上半段仍在封闭维修，我的计划就调整为上午考察峡谷下半段，中午后去索道下站的小道，这样也能兼顾不同海拔的蝴蝶。

上午 10 点，到达入口处，蝴蝶并不多，只

从碧潭幽谷流出的溪流

有几只常见蝴蝶，如虬眉带蛱蝶、珍贵妩灰蝶等。一边拍摄，一边觉得有什么不对劲。接着就想起来，10 多天前我曾路过此处，同样是上午 10 点，

这张照片里有 15 只朴喙蝶，你要不要来试下眼力

30 多只朴喙蝶起起落落，热闹非凡。那天，我在一张照片里就记录到 15 只朴喙蝶。现在朴喙蝶群不见了，难怪会觉得冷清。

轻车熟路沿着栈道进入峡谷，除了沿途的偶遇，这条线路最有机会观赏蝴蝶的就是几处峡谷变宽且有溪水漫过道路的地方。

时间还早，先快步行走，走到猕猴观赏区（再往前就是封闭区了）再折返回来，沿途观察，我挑选了三个蹲守点位。这种观察方法很简单，在它们之间来回穿梭就行，因为靠近拍摄而惊飞的蝴蝶可能会回来，这个时间可以用来去观察下一个点位。

事实上，今天我被中间这个点位黏住了。此处有宽阔的台阶、临水的乱石，更有雨水漫过形成的潮湿地带。我一阵泼水并翻动泥土，潮湿地带变成了小水洼，很快就挽留住了顺着溪流飞过的蝴蝶。

珍贵妩灰蝶

虬眉带蛱蝶

虬眉带蛱蝶

六月真是美好的蝴蝶季节，被吸引来的蝴蝶绝大多数都一身新衣，干干净净，仿佛精心收拾后来出席盛会。连最常见的蝴蝶都带着不可轻视的骄傲。

碧凤蝶矜持而聪明，它们选择的是水洼边缘的过渡地带，水分多又不至于打湿细足。相比之下，圆翅钩粉蝶就鲁莽地扑到水中间大吃大喝，全然不顾后翅都拖进了水里。好像是为了保持翅膀的干净，网丝蛱蝶吸水时罕见地竖起了翅膀，给了我拍摄反面的机会。

整整一个小时，我都逗留在此无法脱身，当然，也不

圆翅钩粉蝶

想脱身。

在观察小水洼蝶群的间隙里，发现溪边石头上吸引来了几只弄蝶。弄蝶喜欢沿溪寻找石头上的鸟粪，一旦吃到忘情，特别好接近。

我顺手拍了一只体形较大的弄蝶，起初以为是蛱型飒弄蝶，拍后低头一看，不禁"咦"了一声——前翅中室的白斑竟然这么小，这不合理啊！蛱型飒弄蝶、密纹飒弄蝶……我调动记忆，反复将它和这两种在金佛山见过的飒弄蝶比较，似乎都对不上。

碧凤蝶

四川飒弄蝶

四川飒弄蝶

尖翅银灰蝶

网丝蛱蝶

　　难道金佛山还有一种飒弄蝶？这样一想，我不由得身心振奋，又拍了一组，这次，补拍到了它反面的照片。就这样，我幸运地拍到了四川飒弄蝶。

　　时间已到正午，一天中拍蝶的黄金时间快过了，我强迫自己收拾背包起身，往猕猴观赏区走去。只蹲守一个点位，毕竟太局限了。

　　百步之后，就见草丛中大咧咧地停着一只黄环组的蛱蝶。看清楚了，正是很难见到的泰环蛱蝶。十多天前，神龙峡初见泰环，如少年才俊衣着鲜亮，意气风发。不过一旬，见到这只，已衣衫褴褛，随风飘摇，像一位准备放弃生活的中年人。一年之中蝴蝶无穷，但对某些特定的一年一代的种类，最佳观赏期真的只有一旬。

　　路上还有其他蝴蝶，我慢慢地边看边走，一一确认，有点像生怕错过佳人。一直走到封闭区，见门可开，索性

寻蝶记

碧潭幽谷步道

进去又往前走了约500米才折返，目击蝴蝶13种，其中金光灿灿的金裳凤蝶最为华丽，可惜只是路过，不知其从何处来，向何处去。

回到猕猴观赏区，发现我刚才路过时往石头和地面浇的水起作用了，有一只蝴蝶在那里闪动，露出后翅的醒目白斑。是白斑迷蛱蝶！十多年前，我在四面山曾有机会匆匆一遇，念念不忘，可惜再也没有在野外见过。

放慢脚步，轻手轻脚靠近，它竟然还是惊慌地振翅飞走了。我懊恼地仰着脸，看着它飞上了树梢，又继续飞起，停到了更高的树梢上。

如果是其他蝴蝶，我会叹口气，继续徒步，因为按计划该转场上山了。但我想了想，觉得应该还有机会，就进了旁边的亭子坐下，看它是否回来。

远远看见一只白斑迷蛱蝶

20分钟后，它回来了，在地面上停了几秒，就迅速离开，停回空中的树梢上。来不及做任何动作，我只好假装没看到，继续喝茶。

它在树梢上待了足足10分钟才下来，可能是确信并无危险，开始了忘情的吮吸。我没敢出亭子，远远地用我的28—300mm镜头拍了几张，才换上105mm镜头，准备来几张精雕细刻的特写。

白斑迷蛱蝶

泰环蛱蝶

蓝斑丽眼蝶

黑角方粉蝶

这一次，它完全忽略了我的身影和脚步，任由我拍摄，中途还飞到我的手上停了一会，我受宠若惊，缓缓抬手到最佳视野，欣赏如此完美的造化之物——正面蓝底白斑的它，反面更耐看：白玉般的后翅上饰有两条橙色带，靠外缘的平整，里面的则波浪起伏，它们之间既有呼应，又有差异；前翅色斑更复杂，最美妙的是从翅基往外逐渐加深的蓝色斑，有着一种神秘的美。

40分钟后，我们到达索道下口，那里有一条索道检修便道是我一直偏爱的。

"你好，禁止步行上山。"保安拦住了我。原来，这条检修便道一直通往山上，中间可是有万丈绝壁啊，想着都让人胆寒。

"不上山，只走200米就回。"我微笑着说。

"一定不能上山哦！"保安收回了伸直的手臂，只友好地叮嘱了一句。

我没有再回应了，被前面路中间的绿色蝶群吸引住了全部注意力。

逆光中，约有十几只黑角方粉蝶挤在一起，那里有和一个脚印差不多大小的小水洼。

200米很快就走完了，都是常见蝴蝶，没有重大发现，有点失望地回到路口，最后一次打量着周围的树木和地面，这是我离开前的习惯动作。

视线扫过一棵正开花的珊瑚树时，我吃了一惊，一树繁花的它正笼罩在夕阳中，上面蝶翅闪耀，目测至少有20只蝴蝶。

一个小时前经过此处，一直低头盯着路边的蝴蝶，竟然错过了这一棵挂满蝴蝶的树。

绿豹蛱蝶、大红蛱蝶、玉杵带蛱蝶、散纹盛蛱蝶……默默数着，数到第十种，我默默停下了。不用再关心这些具体的数据，当繁花、蝴蝶和阳光共同组成的既具体又抽象的一棵树，有一种更宏阔的生命之美令人怦然心动。

在大山之中，在人类视线的边缘，蝴蝶们的盛宴正简单而美好地进行，亿万年来一直这样，从未停歇。

亮闪色螅

三

转眼到了七月，金佛山顶的蝴蝶观赏佳期已至。接连的高温天，让人担心今年观蝶的好时光会大大缩短。

一早出发，上午10点前就从北坡索道上口走了出来。此时弥漫的云雾，正作退却前的最后挣扎，阳光已薄薄地铺满了草地和山道。

这是观察喜欢栖息于树冠的蝴蝶们的最佳时间，云雾散后，它们会在树梢上、阔叶上摊开翅膀，吸收今天的第一缕阳光。一旦体温上升，它们就会"满血复活"，四处闲逛，再想看清它们就难了。

金佛山北坡山顶

斜带缺尾蚬蝶（雄）

我和伙伴们在小道急急地走着，前方是两处高台，而包围着高台的是密密的树冠。

走到转弯处索道所在地，空中出现了两只蝴蝶，一前一后轻盈地掠过头顶，我看见它们黑翅后部有金黄色斑。金裳凤蝶？立即又觉得不对，体形明显比凤蝶小。正沉吟间，又有一只从半山飞了上来，这次我彻底看清楚了，是斑粉蝶。原来金佛山还有斑粉蝶！有点小激动，真想立即确认它们的种类。

转眼，云雾又过来了，阳光被全部遮住。我就在时而阳光时而云雾中慢慢往上走，一只蚬蝶飞了出来，看着似曾相识，又带几分陌生。我很快就反应过来了，是斜带缺尾蚬蝶，之前只见过白色斜带的雌性，而它的斜带是黄色，

不怕人的斜带缺尾蚬蝶

是我没见过的雄性。蝶友们都说此蝶雄性少见，没想到半路上就遇到了。小伙子很精神，也不惧人，当我把手伸到一缕阳光里，它就不客气地飞了上来。

到了第一个高台，我俯身慢慢搜索，想看有没有等待朝阳的金带喙凤蝶、金裳凤蝶、窄斑凤蝶等本地有的华丽蝴蝶。没有，一只也没看到。

远处树梢上，似乎有某个小碎片闪耀了一下。接着，附近的树梢上又有类似的闪耀。从高台上来，我走到离它们最近的山道上，伸着脖子观察，不禁心花怒放，原来，这些闪耀的小碎片是一些灰蝶，它们的正面似乎涂满了绿色的金粉。金灰蝶，居然有这么多的金灰蝶，视线内就数到了5只。

抬起头，更远的树冠上，也有隐约的金光闪烁，仿佛这些树冠都被施了某种魔法。

天目金灰蝶

天目金灰蝶

发了一会呆，我才想起该拍照片，正反面都得拍，否则鉴定不了种类。立即换上 28—300mm 的镜头，把手臂支撑在石栏杆上寻机拍摄。整整拍了半个小时，情况基本清楚了，金灰蝶全是一种，反面酷似我在阴条岭拍的。果然，此蝶后来由专家也鉴定为天目金灰蝶。

阳光逐渐强烈，其他的蝴蝶也多了起来。在最高的一处平台上，我目击到斑粉蝶、窄斑翠凤蝶和一种不认识的黛眼蝶——它在较远的树梢上晒着太阳，一动不动。

继续走了一段，我发现前面树林茂密，路面不见阳光，干脆折返回到最高的平台（这条路一直走可穿过高山草甸回到索道口，我走过多次）。走上平台，我立即定住全身不动，一只黛眼蝶停在不远处的栏杆上，不停地扭动着身子。

黄带黛眼蝶

这只黛眼蝶正面没什么特点，但反面太漂亮了，白色斑条和眼斑形成了犹如孔雀开屏的扇形图案，臀角的橙色斑更是画龙点睛之笔。金佛山北坡，有着被蝴蝶爱好者称为黛眼蝶小道的山道。这只黄带黛眼蝶，就来自山顶庞大的黛眼蝶家族。

　　午餐后，阳光炽热，伙伴们待在茶室休息，我换了一条小道往高台方向走，沿途高海拔的野花怒放，有特别喜欢的深红龙胆和马先蒿，还有圆翅钩粉蝶和黑纹粉蝶访花。要是斑粉蝶也这样来访花就好了，我一边走，一边忍不住这样想。

　　没有云雾了，只有无边的阳光。高台周围的树梢上空空的，看到不少蝴蝶飞过，从不停留。差不多一个小时里，我都在看风景，只拍到一只窄斑翠凤蝶。

黄带黛眼蝶

北坡有着很多适合散步的小道

又想了一下，不如转场到半山去碰碰运气，我于是叫上伙伴离开山顶。

从索道下口出来，正准备往停车场走，就被一只慢吞吞飞着的蝴蝶吸引住了。它本来是躲避烈日在阴影里吸水，结果被我们的脚步惊动，很不情愿地飞了两圈，顺着公路的水沟往前飞去。

深红龙胆

是斑粉蝶！来不及多想，我保持着距离一路小跑跟着，怕再次惊动它。它在路边的灌木上停留了两次，最后在一处空地停了下来。阳光太强，没法用翻转的液晶屏取景，只好单腿跪下狂按快门。

就这样，我毫无思想准备地拍到了倍林斑粉蝶，也是我在大娄山脉拍到的第一只斑粉蝶。

倍林斑粉蝶

巨翅绢粉蝶

白斑眼蝶

高高兴兴回到停车场，上车，开往早就看好的一个歇业的山庄。此山庄占据了半山处一个突出的平台，摄影家们很喜欢在这里拍风景。

停好车，山庄空无一人，我径直朝鱼塘方向走去，那里有蝴蝶们喜欢的醉鱼草。

一只半透明的蝴蝶，在醉鱼草上优雅地吸食花蜜，远远看去，仿佛所有的光线、花朵都围绕着它，而其他弄蝶、蜜蜂什么的只是陪衬。反面翅基的黄色斑十分显眼，这不是巨翅绢粉蝶吗？这是仅在六七月份短暂出现的绢粉蝶，一年只有一代，见到很不容易。

同伴们继续观赏绢粉蝶，我又向下一个目的地走去。鱼塘后面的小树林，是这个山庄最幽静的角落，且与无边的山崖相连。我曾多次在树干上发现锹甲、指角蝇等有趣的昆虫，小树林就是个宝藏级的观察点。

这一次，通过一棵树伤痕累累的树干，小树林贡献了更惊人的景象：三只白斑眼蝶、两只荫眼蝶凑在一起干饭，可惜灌木遮挡，无法拍下这有趣的场面。

踮着脚看了一阵，还是决定分别记录。此次北坡之行，就在我的快门声里画上圆满的句号。

山顶追踪斑粉蝶

05

十二背后

寻蝶记

 一

　　黄昏的时候，我在贵州遵义十二背后旅游区的双河洞外广场踱步。一层薄薄的白雾浮于地面之上一尺处，一切显得有点不真实，仿佛周遭山水全是画家纸上想象。习惯了过来看它，有时清晨，有时黄昏。它如果在，我就会置身奇异之境，一种淡淡的喜悦浮上心头。

　　我猜想双河洞的地下水和外面空气的温差，是形成这层白雾的原因。毕竟是亚洲第一长洞，自带一点仙气，正常。

潮盗蛛宝宝孵化后会短暂群聚　　　　　　叶蛾蜡蝉

　　突然想起《幽梦影》的名句：花不可以无蝶，山不可以无泉，石不可以无苔，水不可以无藻，乔木不可以无藤萝，人不可以无癖。只要天气好点，从此处过曲桥上山，就会途经此句中的所有——花有蝶，山有泉，石有苔，水有藻，树有藤……至于人嘛，不好说，我这个人倒是有癖的，比如对蝴蝶的迷恋，甚至因此痛恨无蝶的漫长冬天，甚至干脆跑到西双版纳过春节。

　　这是八月下旬的一天，我又出现在十二背后，下个月有一个大型的生态文学论坛在此召开，受主办方委托，需要提前来做准备工作。一边散步，一边梳理了未来几天的行程，发现自己只有完整半天时间寻蝶，心想不如把晚上利用起来，继续寻找双河谷蝴蝶偏爱的梦乡所在。我在

萤火虫交配　　　这一对交配的萤火虫旁多了一个捣乱的成员

这一带已经找过几次了，没理出头绪，有发现规律。

晚上9点，我全副武装地出现在双河洞的山道，用手电筒光逐行扫描着高处的灌木和藤蔓，寻找入睡的蝴蝶。从江津的四面山，到美洲的哥斯达黎加，我无数次用这个方式在夜晚找到蝴蝶。时间一分一秒地过去，一只蝴蝶也没发现，它们去哪里了？

没有蝴蝶，其他精灵倒是不少，我一如既往地在桥头发现了贵州臭蛙，一如既往地在山道两边看见星星点点的萤火虫……也有一些珍贵的场面，比如刚孵化的潮盗蛛在奔向各自命运之前聚集在灌木高处，比如有一只雄萤坚持在一对正交配的小情侣旁捣乱。入夜的山间，总有好戏在上演。比较意外的发现，是在崖下发现了一只叶蛾蜡蝉，这个属的种类我之前仅在热带地区见过。蛾蜡蝉拟态翅膀合拢的蛾类，而叶蛾蜡蝉则拟态翅膀平摊的蛾类，各有生存特技。

第二天一早，就进了杨家沟，听说前不久这里暴发了山洪，我很牵挂一年前在这里发现的南川百合群落，想着干脆在这里寻蝶半天，顺便看看它们。

9点，路过小水库时，库已见底，之前的湖水荡然无存，不知与山洪是否有关。潮湿的库泥，应该很吸引蝴蝶啊，我心里不禁一动。很费劲地走进干涸的水库详细察看了一番，有了七八分把握。虽然现在全无蝶影，但等阳光照到这里，必定是另一番景象。

得在11点前赶回这里，这样一想，我赶紧加快脚步。杨家沟的崎岖小路，雨水后湿滑难行，好在有充分准备，穿的是最防滑的软底徒步鞋。一般上山我喜欢穿登山鞋，对脚的防护更好，但鞋底硬，防滑就要差些，进杨家沟就不太合适。

一路艰难，几次险些摔跤，我不敢再东张西望，只小心盯着脚下。10点左右，到达南川百合群落所在地，远远看到一片灿烂金黄，谢天谢地，它们还在！悬着的心一下子就放下来了。

在熟悉的花朵前坐下，我掏出茶杯喝茶，等待着阳光照进这个幽深的山谷。

很快阳光就笼罩住了我身边的一切。从崖上，几个黑影飘然而下，悠悠闲闲地顺着溪床飞走，是蝴蝶，而且是凤蝶，我眼前一亮。此时，有一只脱离了队伍，径直向我坐着的位置飘来，我举着茶杯的手瞬间凝固，一动不动——任何动静都可能惊扰到它。它的目标并不是我，而是南川百合。

手里已悄悄换成了相机，我缓缓举起——蝴蝶在百合花上的停留是很短暂的，毕竟蜜腺有限，不像在川续断那类头状花序上会盘桓良久，当它展露出完整的反面时，我迅速按下了快门。

　　这个位置还真是蝴蝶进入溪谷的入口之一，我猜想山崖上有雨水沟，蝴蝶们总是喜欢顺着溪沟飞的。又看到别的蝴蝶飘然而下，但对南川百合并没表现出兴趣。

　　我迅即起身，得赶紧去小水库了，那才是蝴蝶们喜欢的地方。

宽带凤蝶与南川百合

黄纹稻弄蝶   严氏黄室弄蝶

回程路上，见到一只稻弄蝶，一身金黄，这气质有点陌生。后来查阅资料，才发现是黄纹稻弄蝶，此地并无此蝶记录。十二背后旅游区的核心是宽阔水国家级自然保护区，曾多次做过蝴蝶调查，还有蝴蝶名录。几年的实地考察，我已经发现不少名录之外的蝴蝶。

临近11点，回到小水库干涸的库底，远远望去，果然蝴蝶纷飞，热闹非凡。比较集中的有两处，一处是略有积水的巨石，一处是大坝下的几块漂木。巨石上的一只翠蛱蝶，在我走近时警觉地飞走了，只剩下几只弄蝶。石头提供了舒服的拍摄视角，我瞄准了其中的严氏黄室弄蝶，直接放弃了其他的几只直纹稻弄蝶。

漂木上的蝴蝶，更是胆小，距离还远就一哄而散。想想也不奇怪，库底就是平坝，毫无遮挡，晃动的人影太过显眼。

我决定守株待兔，不去追着蝴蝶跑。选择了一块干净的漂木，拖到角落里坐下，把自己藏进阴影里。

最先回来的是柳紫闪蛱蝶，然后是珠履带蛱蝶和断环蛱蝶，数量最多时，有13只蛱蝶和6只灰蝶。坐在漂木上拍蝴蝶，简直舒服到有点腐败，完全不像是工作。有时，蝴蝶还会停在我的头上或手上，或许，它们把阴影中的我，当成了一块长得有点丑的石头。

九月初，我又出现在双河洞的广场，生态文学论坛即将开始，好些熟悉的朋友要过来，准备工作还没做好……但是，仍然有一些碎片时间，

柳紫闪蛱蝶

断环蛱蝶

珠履带蛱蝶

珠履带蛱蝶

217

是可以用来寻找蝴蝶的，因为活动就在双河客栈。双河客栈及周边寻蝶，没有难度，十分悠闲，特别适合带上小朋友来寻找和观赏。

我提着相机，在客栈至双河洞的路上来回转悠，有时又拐进吊桥对面的烧烤区，20步内必惊起一只蝴蝶。除了一只翠蛱蝶，今天看到的全是黑白相间的蛱蝶，所谓的带环线。带环线即带蛱蝶、环蛱蝶、线蛱蝶三个属的黑白组，占据了野外蝴蝶的不小比例，很多种类的正面彼此类似，难以区分，令蝴蝶爱好者头痛。

我在野外见到带环线，都不敢托大，先记录影像再说，最好能正反面都记录，因为有些种类的区分只靠一面是无法鉴定的。

玉杵带蛱蝶、珠履带蛱蝶、娑环蛱蝶……一边拍摄，一边确认，突然，我停住了。咦，有一只黑白相间色的带蝴蝶，似乎有着完全不同的气质。我放大照片，仔细推敲，发现一个细节，它前翅从中室到顶角的白斑竟然多出了一组，这还是带蛱蝶吗？我赶紧举起相机，想拍到它的反面，眼前一片绿色，蝴蝶不见了。

还是应该多拍几张，再慢慢确认种类的。我有点懊恼地在那一带来回搜寻，只有别的蝴蝶，那只蝴蝶消失得无影无踪。

还好，在崖边的小瀑布处我又找到了新的目标——一只贪婪吸水的孔子翠蛱蝶，上午的阳光穿过蝶翅，让它和环境融为一体，我看到的画

玉杵带蛱蝶　　　　　　　　　　　蓝灰蝶

孔子翠蛱蝶

孔子翠蛱蝶

珞弄蝶

融纹孔弄蝶

面温暖又迷人。反复尝试后，我选择了逆光的角度去拍，这样似乎最接近现场的光感和色温。

中午吃完饭，回房间的时候，发现门口的人工小瀑布开启了，烈日下水雾弥漫，除了增加景观颜值，还意外地吸引了不少蜻蜓在此俯冲、悬停。缩着头进了门廊，更大的意外出现在我眼前：一只玉斑凤蝶、两只弄蝶在门廊里左飞右飞，门口的水雾让它们找不到出口了。

玉斑凤蝶略有点残，我便把注意力放在那两只弄蝶上，待看清楚后，拔腿就跑楼上取相机，两只弄蝶都是我没见过的！就这样，我毫不费力地拍到了珞弄蝶和融纹孔弄蝶，也由此得知原来常有蝴蝶来此光顾，想在野外找到它们还挺不容易的。

心里惦记着那只奇特的带蛱蝶，又去了上午的点位。它果然又来了，在那里扑腾几下停一下，活跃得很。我没有靠近，远远观望，终于看到

迷蛱蝶

了它一片银色的反面。不用回去查资料了，原来，它根本不是带蛱蝶，而是迷蛱蝶属的迷蛱蝶。在此之前，这个属的蝴蝶我拍到两种：白斑迷蛱蝶、环带迷蛱蝶，恰恰无缘更常见的迷蛱蝶，这次补齐了。

它仍然超级警觉，在我试图靠近的时候，毫无预兆地远走高飞了。

我笑了笑，干脆继续往前，去走曲桥那一端的山道。以我的经验，艳阳天的浓荫里，正是寻找眼蝶们的好时机。

山道酷似放大了的盆景，走在怪石、藤蔓、溪流里，经常会忘记自己是来干什么的。你不需要刻意放下什么，因为在这条路上，每走几步，就会有什么被阻挡在外面，大自然会一直帮你做减法，删掉那些让你忧心忡忡的东西。有时候，删减模式又调成了解放模式，你会觉得在身体的某处，一排紧闭的窗一扇接一扇地被打开，那种久违的敞亮感能让人焕然一新。

没法专心寻蝶，草木森森，会让人觉得连寻蝶也是可以放下的执念。索性放下双肩包，下到溪流边洗脸洗手，其实脸和手都是干干净净的，只是想沾沾溪水的凉气而已。

抹去脸上的水珠，重新戴上眼镜，我一下子笑了，就在咫尺之外，也有一只翠蛱蝶在洗手洗脸，我玩水的动静居然没把它惊飞。

回到山道上，才发现溪沟里不止这一只，至少有七八只翠蛱蝶在安静地吸水，除一只是嘉翠蛱蝶外，其他的都是孔子翠蛱蝶。

重新回到了工作状态，远处的白裳猫蛱蝶、曲纹蜘蛱蝶，近处浓荫里很不显眼的黛眼蝶们都被我迅速发现，一一记录。

生态文学论坛的前一天，因为双河客栈要预留出房间，人流几乎消失，久违的寂静，给双河谷带来微妙的变化。除了黑白组的带环线，一些更敏感的访客来了——它们本来是这里的主人，现在成了人类占领区的怯生生访客。

我目瞪口呆地看着一团蓝光闪耀着从悬崖上飘然而下，像一个慢动作的球型闪电，最终落在道路的路肩上。它收拢翅膀，蓝光消失了，出现在我视野里的是一只带着白色斑点的黑褐色蝴蝶。

华西黛眼蝶　　　　　　　　　　　　　白带黛眼蝶

残锷线蛱蝶　　　　　　　　　　　　异型紫斑蝶（雄）

异型紫斑蝶！大娄山脉有此蝶的记录，但我在野外还是首次看到。异型紫斑蝶前翅正面的蓝色是结构色，要在特定角度才能看到，所以它飞行时蓝色会不停地闪动，给人以梦幻感。

拍到反面后，我等了很久，想拍到它的正面。一辆车经过，它飞走了。

有点不死心，过了一会，我又回到这里，代替紫斑蝶的是另一只此间少见的蝴蝶，残锷线蛱蝶。它们竟然轮流前来打卡。如果我时间充足，一定会看到更多蝴蝶的。

回客栈的路上，路过那个崖边小瀑布时，又有了惊人的发现，就在灌木后面的岩石上，竟然聚集了20多只凤蝶，它们选择在这里避开烈日，享受大山深处送来的饮料。观

凤蝶群聚吸水

交配中的碧凤蝶

察了一下，一共有 4 种蝴蝶：碧凤蝶、巴黎翠凤蝶、宽带凤蝶、蓝凤蝶。它们一边享用，一边扇动翅膀，其他的蛱蝶、弄蝶只好退避三舍，躲到另外的角落里。

在双河洞口一带夜寻蝴蝶无果，我仍不死心，把视线转移到了双河客栈 B 区，这里有几条上山的道，可以去到悬崖上方。说不定，在更高的地方，才是蝴蝶们觉得安全的？

生态论坛活动已经开始，白天都没有时间，我决定择机上去夜探。先利用有限的碎片时间上去了两次，每次只有一个小时可供花销，但都颇有收获，仿佛在双河客栈解锁了一个价值很高的新空间。在那条环山道上，白天我拍到了西藏翠蛱蝶，晚上拍到了阔带宽广翅蜡蝉，都是明星级的物种，颜值很高。

当前来参加论坛的两位好友刘华杰、半夏说想和我一起夜探的时候，我已经很有把握了，说："有一条线路挺好，

阔带宽广翅蜡蝉

西藏翠蛱蝶（雌）

隐锚纹蛾

曲纹稻弄蝶

不仅能看到夜行性的昆虫，还能看到蝴蝶！"

当时 21 点之后，我们三个向 B 区方向兴冲冲而去，经"丛林特工"小道，很快就上到半山上。

我们发现的第一个有意思的东西是隐锚纹蛾，一种白天活动的蛾类，习性接近蝴蝶。之前我在双河谷已多次见到它。

"真的有蝴蝶。"华杰兄仰着脸说，他上方的阔叶树上吊着一只翠蛱蝶，而我也有发现，草丛里有一只曲纹稻弄蝶。

这条山道太适合夜探了，每走几步，就会有目标出现，而且都比白天更容易接近，可以从容拍摄。当然，要出好照片，一套微距闪光灯是必需的。

比如矍眼蝶，虽说常见，白天非常警觉，永远和人保持两米以上距离。而此时，你可以随意布置灯光、选择角度，只要不直接触碰到它们或停留的树枝就行。我非常舒服地拍到了 6 种蝴蝶，不禁眉开眼笑。

华杰兄和半夏也很兴奋，我们陆续发现了透顶单脉色蟌、峨眉草蜥和一些蛾类幼虫，都是值得记录的物种。

峨眉草蜥

天蛾幼虫

落叶夜蛾幼虫

矍眼蝶

透顶单脉色蟌

　　"这条路太适合带孩子们来夜探了。"下山的时候，心满意足的刘华杰说。

　　"以后更适合，这条路已经规划成健身步道，会一直延伸上山顶。"我小心地看着脚下的土路，回应道。

　　论坛结束后，我又在双河谷完成了两次线路相对长的徒步，目的是了解周边的生态情况，寻找适合灯诱的点位。

　　一次是完整走完了从"丛林特工"开始的山道，登顶后从另一条小路绕回客栈，总体比较轻松，属于休闲散步，还顺便拍到了蛇神黛眼蝶。

蛇神黛眼蝶

　　另一次就辛苦了，是从 A 区一条废弃了的小径穿越杂灌登顶，一路不仅有锋利的禾本科草叶、悬钩子藤的尖刺，还有隐藏的胡蜂巢穴。有三位经验丰富的员工陪我走这一趟，结果连我全部挂彩，被胡蜂蜇出了大包。

　　当然，收获也不小，仅蝴蝶就拍到了异型紫斑蝶的雌蝶、蓝咖灰蝶等。更重要的是，发现了一条生态极佳的徒步线路。

蓝咖灰蝶

异型紫斑蝶（雌）

一 一

2022 年，因为疫情，就连重庆与贵州两个相邻省市的往来，也变得不太容易。

我在双河谷创建以黔北原生植物为主的植物园的提议，引起当地重视，天坑荫生植物苑便是其中之一。为此事，我和 3 位好友约好同车过去考察，其中一个还是非常熟悉西南山地植物的高手。

6 月，出发的前一晚，植物高手发现自己的"健康码"黄了，四人变成了三人。凌晨，上车出发时，充当志愿者的诗友发现自己的手机不对劲，卡坏了。三人又变成了二人。

仅存的我和另一位志愿者、重庆著名咖啡人悠悠，在又一次检查完自己的"健康码"后，开车出发，两个人的状态都有点表。

作为乐观主义者的我很快平复了心情，马上就要去一个蝴蝶纷飞的地方，这才是最大的现实。其他的细节，何必纠结呢。

突然想到一个细节，转头问悠悠："你带上咖啡装备没有？"

十二背后双河洞的步道

白弄蝶

白弄蝶

"要不然呢，我去十二背后干什么？"悠悠惊讶地反问。这个曾经的攀冰达人，现在热衷于在各种美好的野外冲泡咖啡。

我乐了。带上咖啡出行是奢侈的。那么，带上装备齐全的咖啡师出行呢？

10 点刚过，在蝴蝶们差不多开始下来吸水的时刻，我已经背着双肩包、手持相机，在双河洞前观察蝴蝶了。除了配合相关的植物考察，此行我给自己还安排了一个任务，统计 6 月中旬在十二背后两天时间内能目击和拍摄蝴蝶的种类。为什么是两天？因为周末的出行通常只有两天，这样可以判断出爱好者前来观蝶的大致收获。

在飞来飞去的蝴蝶中，我紧盯着一种弄蝶，它白色翅膀上带着灰绿色斑，和其他弄蝶比起来气质格外不凡。白弄蝶！我很快就想起了它们的名字。

其中一只特别强势，它占据灌木丛的高处，不停起飞并驱赶别的蝴蝶，不管对方是不是同类，连体形比它大很多的蛱蝶也被驱赶。把这个区域当成自己的领地，领地内所有雌白弄蝶都归它，这正是雄性白弄蝶的典

上海眉眼蝶

型行为。

体形小得多的豹弄蝶就安静得多，它们低头吸水，对天下事不闻不问——世界很大，我只关心眼前这一小口。

雨后，山道上湿漉漉的，把平时多在溪沟下部盘桓的弄蝶都吸引上来了。如果仔细观察，就会发现，它们选择的都是带着鸟粪痕迹的地方，鸟粪有丰富的矿物质，比清水有吸引力多了。不一会，我又拍到了匪夷捷弄蝶和斑星弄蝶，后者平时都喜欢倒吊在树叶下休息，很难接近的。

午饭后，我又回到这个区域，还到吊桥后面的烧烤区去转悠了几圈。

路上的弄蝶们消失了，接替它们的是翅膀黑黄相间的环蛱蝶们，这是令蝴蝶爱好者头痛的黄环组，它们彼此类似，区分难度甚至超过了我前面提到的黑白带环线的那组蝴蝶，我目击到七八只，至少是三个种类以上，但我的105mm微距头难接近它们，即使换上另外一支24—200mm镜头仍然吃力。唉，还是要有一支100—400mm的镜头！太浪费机会了，

豹弄蝶

匪夷捷弄蝶

在又一次接近蝴蝶失败后，我忍不住下了决心。

花了一个小时，我只在烧烤台上拍到一只黄环组的环蛱蝶（后来被鉴定为苾蟠蛱蝶，是本地新记录）。我抬头看了看天色，放弃了和它们的纠缠。最近雨水多，今天晒了半天，B区的环山步道应该可以去走走，说不定还是此行唯一一次机会。

此时，阳光炽热，隔着双肩包都感觉得到背后的热浪。没有急于钻进浓荫，我在通路一侧草丛上发现一只矍眼蝶，想看看有没有机会靠近。矍眼蝶属的种类很接近，反面几乎都是灰麻底色饰以一组眼斑。资料上记录本地有5种，但我之前只拍到3种，所以见到矍眼蝶必花点时间寻机拍摄。

这一只感觉是密纹矍眼蝶，但是个头小得不同寻常。

斑星弄蝶

无趾弄蝶

芯蟠蛱蝶

曲纹黄室弄蝶

我正拍摄它的反面，它突然就展翅飞起，我看到了它正面眼斑醒目的黄色环。不是密纹，结合它的个头特征，是华夏鼍眼蝶！我又惊又喜，就在客栈门口，又拍到一种本地新记录。

上山的路仍然有点湿滑，我小心翼翼地往上走着，浑身也湿漉漉的。刚才为了追踪一只纹环蝶深入草丛，无果而返，只收获了一身上下的水珠。

逆光中，看见一棵很不寻常的大树，风中任由树叶飘落，又能将部分落叶收回树上。我眨了眨眼睛，不是错觉，真的有树叶从地面或草丛中往上飞，但不是回到枝叶中，而是停在树干上。

靠近后，那些停在树干上的落叶一哄而散，在那瞬间，我辨认出其中两种蝴蝶——枯叶蛱蝶、柳紫闪蛱蝶。但我顾不上树干上的蝴蝶，这棵树的浓荫里，一只奥倍纹环蝶安静地停在蕨类植物上，仿佛已经入定。这个衣着灰褐色僧袍的禅师，仿佛在用静若秋水的复眼说，贫僧陶然忘机中，施主请自便。

华夏矍眼蝶

奥倍纹环蝶

正是千载难逢的接近这个明星物种的机会，我先用相机拍了一组，想了想，又掏出手机拍了几张，才恭恭敬敬退回小道上。

现在，我可以好好看看这棵长满蝴蝶的树了。它应该是正在渡劫，树干上有十几处正流失体液，可能有天牛之类为害，情形十分危重。树的落难有如海洋深处的鲸落，附近的昆虫蜂拥而至，享受着美妙的天然琼浆。我惊飞了一些，剩下的蝴蝶还有七八只，分成几处。它们都翅膀残破，垂垂老矣，有一些甚至种类难辨。落难的树成了蝴蝶们的养老院？除了蝴蝶，还有胡蜂、锹甲和一些蝇类在树干上忙碌。这棵树竟然成了活着的小型昆虫博物馆。

继续上山，走了几十米，只见到粉蝶。难道那棵树把这一带的蝴蝶都吸引过去了？正这么想，突然有了发现，左边的草丛里有一只硕大的灰蝶，浅灰褐色翅膀上，有深褐色的斑点。仅从体形来看，就不是常见的那几种。此时，

长满蝴蝶的树

记录奥倍纹环蝶

它扇动翅膀,换了位置,慷慨地给了我一次拍摄机会。这不是黑灰蝶吗?!
我迅速确定了蝶种。之前研究本地蝴蝶名录时的一个疑问,也有了答案:
名录上有黑灰蝶,但是我在大娄山脉若干年的考察中从未见到,也未曾
在金佛山、四面山的蝴蝶名录中出现。原来,大娄山脉还真有黑灰蝶,
它在更南边的十二背后。

　　路越往上走越滑。考虑到安全,只好悸然转身下山。看看时间才下
午4点左右,干脆又去了双河洞口一带,和黄环组的蝴蝶们继续纠缠。
我在那一带转悠了两圈,发现蝴蝶又换了一批,几只碧凤蝶和宽带凤蝶
在那里访花和吸水,黄环组的只剩了一只。这只孤独的蛱蝶,非常警觉
地和我保持着距离,我走近到三米之内它必从地面起身,但不飞远,只
是停在树梢上。我离开一会后,它又会回到地面继续吮吸。往返三个回合,
才勉强拍到一张正面的照片。原来是黄色型的断环蛱蝶。这种蝴蝶也有

黑灰蝶

宽带鹿角花金龟

双河客栈的宴会厅，常有蝴蝶停在玻璃上。
果然，又发现了一只

断环蛱蝶

黑白色型的，所以，它还算黄环组吗？

　　晚餐，到了餐厅，照例先去看了大门两侧的玻璃窗，这已成了奇怪
的个人习惯。双河客栈的餐厅是一个伟大的设计，三面透光透影，让人
感觉坐在山水之中。不过，有一个意想不到的问题，就是经常困住蝴蝶，
我在餐厅玻璃窗上发现并救出去的蝴蝶已经超过了 10 种。今天还好，只
看到一只弄蝶。就不用管它了，弄蝶可是机灵鬼，总会自己找到大门飞
出去的。

晚饭后约了长驻十二背后的法国洞穴探险家让·波塔西等一起到梅尔茶室品鉴咖啡，带咖啡师出行的价值这就体现出来了，老让其喝得眉开眼笑，非常尽兴。在双河咖啡馆开始营业之前，他很难喝到这么专业的精品咖啡。

晚上10点，虽然凌晨起床，但双河谷的一天蝴蝶盛景让我保持着兴奋，毫无倦意，手持电筒开始了夜探。线路都想好了，把白天走过的地方全部走一圈，全程大约两公里。先到了烧烤场，这里有两条便道交叉出的三角地带，长满杂草，又正对着溪流和洞口方向，应该是小型蝴蝶的栖息区。

手电筒的光柱慢慢扫着小路两旁的草丛，到了三角地带后，光柱里出现了罕见的景象：足足有30多只灰蝶，清一色的酢浆灰蝶，各自栖息在杂草的顶端，仿佛是深夜里开放的灰色花朵。

没有其他灰蝶，没有弄蝶，甚至连粉蝶也没有，欣赏了一阵，我继续往前走。

步道的一侧灌木里，突然有点小动静，凑近一看，原来是一只蜘蛛在网上捕获了猎物，刚完成打包。不幸成为食物的似蝶又似蛾，看不清

酢浆灰蝶

被蜘蛛捕获的鳞翅目物种，已难以辨认

羽化成功的蝉

羽化的螽斯

种类。刚开始我以为是斑蝶，但腹部粗壮，没有白点，是蛾类的可能性更大。

从双河洞通往 B 区的步道是新建的，穿过了植被繁茂的崖边地带，简直是夜观的梦幻级线路。虽然没找到蝴蝶，但其他昆虫非常多，其中还有一只刚完成羽化的蝉。没有恋战，我只简单记录了一下。

快走完步道时，我停住了。电筒光里，出现了一个毛茸茸的球。尾羽黑色，端斑白色，看上去是燕尾鸟。原来，燕尾鸟竟然可以这样睡觉，随便找根树枝，把自己卷成球就行。睡得这么深，我的灯光、拍摄和说话声完全没有打扰到它。离开时，我实在没忍住，伸出手指轻轻触摸了一下它的尾羽，它全身不动，只是握住树枝的爪子伸出了一根，在空中弯了弯，又缩了回去——像是熟睡中的人类的一个很敷衍的道别。

熟睡的"毛球"　　　　　　　　　　　　红斑彩蛾蜡蝉

　　双河客栈常见的是白额燕尾，和它的其他特征也基本对得上。但白天的它太难靠近了，通常和我保持着 30 米以上的距离。

　　晚上的最后一程，是"丛林特工"小道，我一直走到白天那棵神奇的蝴蝶树才折返，主要想看看这个宴会厅，夜间会换成一些什么客人。一只蝴蝶也没有了，这在意料之内；一只甲虫也没有了，这就有点意外了。占据树干的，是蛾类和螽斯，颜值有限，我察看了一番就转身离开了。

　　第二天起了个早，按计划是和两位探险队员考察九道门。十二背后已开放的景区呈哑铃形，两端分别是双河谷和清溪峡。九道门是清溪峡景区未开放的区域，据说险峻奇特、大树参天，这次终于有机会去看看了。

　　9 点过，我们在清溪峡山庄暂停，刚下车，就一眼瞥见墙上有个不凡之物。此物远看是蛾子，近观翅膀有如半透明的白玉，上面有"八一"两个汉字，字体接近隶书，此乃天书，上天所书，正是我特别喜欢的红斑彩蛾蜡蝉。估计是昨晚被灯光吸引到这里，还没来得及飞走。

　　50 分钟后，我们离开公路，沿一条更狭窄的土路到达九道门的山下过渡地带，只见远处数座青峰隐于云烟中，一条溪流从那里蜿蜒而来，登山即是溯溪而上。我心中暗喜，溪边蝴蝶多，考察的同时，还能顺便看看蝴蝶。

过溪，一路平坦，略有田地。一路都有蝴蝶，都是些常见的，我没有停留。过，再过，忽略了好几只蝴蝶后，我盯住了停在玉米叶上的一只蛱蝶，看着是黄环组的，只是体形更硕大。

见有人影晃动，这只黄黑相间的蝶悠悠升起，落到玉米地的另一端。连呼不妙的我，看到仍有机会，就跃下深坑般的坎下的另一块田，到另一端再爬上去，这样速度就比穿过高粱地快多了。

九道门

　　蝴蝶再度升起，在更高的坡地飘忽一阵，落在豆叶上。等我拍完它的正反面时，已是满头大汗。

　　本来登山前应该保存体力的，一看见蝴蝶，我什么都忘了。还好，事实证明，我的此番穷追不舍是值得的。这只蝴蝶是我未曾见过的折环蛱蝶。

　　拍完这只蝴蝶后，我反复叮嘱自己，不再离队，不再狂奔，不再陡坡上下……没用，一看到蝴蝶什么都忘了。其中有一次是离开步道，冲上漫长的陡坡，才发现追到的是一只残破的白斑眼蝶，附近一头放养的黄牛快速站起，以一身蛮力警戒地头朝着我……对着它，我说了声"打搅了"，就果断转身离开。

　　到接近山顶的位置，果然体力耗尽，我坐下来休息，吃干粮，慢慢折返。两位年轻的探险队员，经过我继续向前，说只剩这点路了，虽然是最陡的，但还想上去拍摄资料。

折环蛱蝶

散纹盛蛱蝶

阿环蛱蝶

阿环蛱蝶

东亚燕灰蝶

飞龙粉蝶

西藏翠蛱蝶

西藏翠蛱蝶

在等他们的时候，又看到一只黄环组的蝴蝶，不太怕人，就在山道上飞飞停停。我坐在那里不动，等它飞近时，认出是位老友，在四面山多次遇到的阿环蛱蝶。

据说在山顶上看到山雨欲来，两位队员飞奔下山。我们在下午1点前驱车回程，一路上车窗外只见铺天盖地的艳阳，有点困惑，但我们回到客栈没多久，雨就真的下来了，很大也很短暂，转眼就过去了。

想起A区那个小山谷新修了路，曾在那里目击到金裳凤蝶，于是我带上装备在潮湿的空气里一阵快走，很快就到了谷口。新路最能吸引蝴蝶，入口处就有巴黎翠凤蝶、碧凤蝶在路中央吸食。我的视线越过了它们，被不远处的一只翠蛱蝶吸引住了。这只西藏翠蛱蝶挺有意思，它飞到

双河客栈

路面上吸几下，就会飞回灌木上休息一会，来来回回，挺有规律。

步道只有短短的200米，蝴蝶的种类却不少。就在雨后的短暂阳光中，观察到了十来种，包括平时很难接近的飞龙粉蝶，一天中再次见到的阿环蛱蝶等。要是步道能往前延伸一两公里，保护好原生蜜源植物，这个有溪流的山谷，也许会成为远近闻名的蝴蝶谷吧。

晚上，我又回到这里，想看看崖上的植物上会不会挂着蝴蝶，搜索了一阵，无果。手电筒照亮的步道上的小水洼里，前来吸水的蛾类还真不少。心里一动，这不是挺好的拍蛾类喷水的机会吗！干脆哪里也不去了，我就地蹲下来开始了拍摄。蝶蛾吸水时，只是为了水里的矿物质，多余

姬尺蛾喷水

的水它们会及时排出，毕竟身体的容量有限。不同种类，各自的喷水规律完全不同，而夜里使用闪光的情况导致相机没法连拍，要踩准节奏才可能拍到这奇特的动物行为。

我最终锁定了一只姬尺蛾，现场的几只蛾子，就它喷出的水柱又高又飘，它在闪光灯下的表演也毫不露怯，我们共同成就了一张有趣的照片。

两天下来，我统计了一下，总共拍到 58 种蝴蝶，目击 90 多种，数据令人震撼。

溪畔煮手冲咖啡

三

2022 年 8 月，南方连晴高温，很多省市的最高温度都突破了历史气温天花板，我所在的重庆主城区甚至山火不断，令人焦虑。

9 月，姗姗来迟的大雨终于减轻了山火的威胁，各地溪河断流的消息仍在不停地传来。一堆坏消息中，也有好消息传来，比如十二背后的健身步道已接近完工。

连晴大旱之后，双河客栈仍然有清波涟涟

经过极端天气的酷夏，十二背后的蝴蝶们是否安好，是否还有上一年的蝴蝶盛景？带着很多疑问的我，在上旬的最后一天来到了双河谷。下车，来不及拿房卡，第一件事就是快步走到桥上，探头看是否还有溪水。还好，水只是有点浅。抬头环顾，山谷里一片葱茏，经过连晴高温，这里的植物并无大碍，我长长地出了一口大气。

次日清早，勤劳的山民开始了工作，最引人注目的是那些背背篼的人，他们像蚂蚁一样上上下下，来回往返，一点一点地把建筑材料背上山顶，整个环山健身步道已接近完成。

和村民们聊了会天，移步上山，轻快而又喜悦。无论昼夜，这条落差大、生境多样的步道都是出色的自然观察小道。虽然只在山顶拍到一只中环蛱蝶，但此时正是无雨的连晴高温，好季节一定会有很多蝶影的，我无比相信。

步道通向山顶

背着建筑材料上山的村民

中环蛱蝶

傲白蛱蝶

下山后，换上 Z100—400mm 镜头，这是夏天里错失很多拍蝶机会，特别是在双河谷和黄环组蝴蝶们纠缠无果后，克服自己的心理障碍才新购的，我对 105mm 微距镜头锐利的成像有着非常固执的偏爱，是刷新自己的时候了。

提着重量增加了不少的相机，在客栈附近转了转，毫不费力地拍到一只傲白蛱蝶，由于保持着相对远的距离，它竟对我毫无反应。初试新镜头得手，我信心倍增，连常见的蝴蝶也不放过了。在路边拍了一只素饰蛱蝶，又在荷池边远远拍到一只东方带蛱蝶，一时只恨目标太少。

抬起手看了看腕表，已经步行了 5 公里。反正下午是会议，不用考

东方带蛱蝶

虑膝盖负担，不用像平时那样两三公里就坐下来让腿脚休息一会，我保持着步行速度，不断扩大搜索范围。接近中午时，终于有点突破，在一堆悬钩子藤里，发现了一只大弄蝶，很像是蝶友展示过的肖眉大弄蝶，本地记录里有这种罕见的弄蝶。它津津有味地在枝叶浓密的树顶上吮吸，从下面根本看不到它翅膀的细节。

没有办法，只有等待。顺便研究了一下这簇悬钩子，它的花序分成几枝悬垂而下，有几处花朵正好面对我。它如果到这几处吸蜜，就有机会了。大约等了15分钟，它果然如我预计的那样飞下来了，并把翅膀的正面向着我完全展开，前后翅的细节尽收眼里，正是肖眉大弄蝶本尊。

肖眉大弄蝶

虎斑蝶

　　又是清晨，吃完早餐出来，阳光已经投在了对面的木廊上，接着，看见那缕阳光里安静地立着一只柳紫闪蛱蝶，略有残破。

　　"你还真会找地方啊，小柳！"

　　蝴蝶被我的声音吓了一跳，全身一抖，飞了起来，落在更远处的阳光里。

　　它飞起的瞬间，我傻眼了。这哪里是柳紫闪蛱蝶，甚至不是闪蛱蝶属的。想起了一个和闪蛱蝶很接近的神秘家族：铠蛱蝶属。据说重庆、贵州各有4种铠蛱蝶属，但我和同行们从未在野外见过一只。

　　快速取出相机，瞄准，前面却空空如也，陌生的蝶已不见踪影。一个寻蝶人，大清早就主动吓飞一次重大收获，我对自己非常无语。

没有去继续寻找，一天中观蝶最好的时间，要用在杨家沟。昨天和村民聊天，得到一个重要消息，杨家沟的溪沟已断流，溪床全部裸露出来。虽然是自然灾害，但我看到了两个机会：一是拍摄一套杨家沟溪床的照片，将来组织溯溪活动时避开危险水域就非常有用；二是虽然断流，肯定还会有潮湿区域或小水洼，它们对处在大旱中的蝴蝶极富吸引力。

计划是个好计划，但是艰苦程度超过想象。有时要从一块巨石跃向另一块，有时要小心穿过湿滑的卵石区，我在干涸的溪床上艰难行走，几次踩空，幸好都没受伤。头顶烈日高悬，溪床上毫无遮挡，只好取出冲锋衣罩在帽子上以免晒伤。空寂的溪谷里，埋头走路的我，只听到自己的喘气声。

鹭鸶守着几乎断流的水潭

美凤蝶（雄）

偶有小水潭，里面还有幸存的小鱼

石蛾幼虫的巢

前面的溪床没什么收获，拍了几只常见的灰蝶和眼蝶，倒是一只普通条螽给我留下了深刻印象，它有着罕见的红色。溪床上的大石上，石蛾幼虫的巢十分密集，它们已失去成长机会，成为这个夏天惨烈的纪念品。仅存的水洼里，都有小鱼在游着，和那些暴晒在石头上的鱼干相比算是幸运，雨季将至，它们将重新成为溪流里的主人。

10点，我走到了熟悉的南川百合群落处，本该一片金色的它们只有稀落的花朵，低头检查，发现它们只是茎和叶子半黄，球茎基本完好，恢复起来应该很快。

继续向前，一路拍摄溪床资料，终于走到了潮湿区，这一段溪床虽然裸露，但石头缝里已能看到水光。加油，即将渐入佳境，我一边喘着气一边给自己打气。

前面是一个跌水，巨石成堆，好在它们非常稳固，可以放心地从上面踩过，当我攀爬到上面的溪床，

一只普通条螽

干涸的河床

南川百合

绿伞弄蝶

蓝凤蝶

玉斑凤蝶

小心地站立起来时，像看到了另一个世界：前面的溪谷从中间隆起一个石头和沙子组成的小丘，两边有涓涓细流，小丘上蝴蝶起起落落，好不热闹。

我远远地评估了一下，小丘上停着至少 7 种蝴蝶，分散在附近的还有不少。而昨天两个小时登山只见到一只蛱蝶，相比之下真是天壤之别。

对这样的蝶群，接近后能拍到一半以上的种类就算不错。现在机身上换成了 100—400mm 镜头，我不禁产生了个大胆的想法，能否在保持距离的情况下，一只不留，一网打尽？

不能先靠近蝶群，得由外围慢慢切入，我先瞄准了附近游荡的蝴蝶。

不用选择，首先要记录的是一只大个头的伞弄蝶，翅有点残破，金黄的须毛仍旧灿烂，本地并无伞弄蝶记录，按下快门即是历史性的突破。这只伞弄蝶后来被确认是绿伞弄蝶。

不用移动身体，我一边转身一边拍，又记录了几只常见蝴蝶。拍柳紫闪蛱蝶时，发现它格外大胆，只顾吸食，我就多了个心眼，加拍了一组正面的对比图，方便以后讲解结构色。闪蛱蝶的前后翅正面都有结构色，在特定角度下能看到闪耀的蓝色。自然界的颜色分

烈日、无遮挡的干河床，对体力是极大的考验

柳紫闪蛱蝶，这一张出现了基本对称的蓝色

柳紫闪蛱蝶，正面的蓝色是结构色，需要合适的角度才能看到，这一张双翅出现了"阴阳翅"

为结构色和色素色，后者一成不变，但前者是身体的细微结构使光波发生变化而产生的颜色。

连晴高温，让平日里孤傲的蝴蝶们放低了姿势，委身于潮湿的溪谷，变得容易接近，包括之前在十二背后见到过一次的迷蛱蝶，都可以细细观察，从容拍摄。

眼蝶们，平时是躲在树荫里不出来的，现在也出现在溪谷里。我的眼前就有一只黛眼蝶，目测是直带黛眼蝶的雄蝶，比较奇特的是，它前翅反面那一排眼斑并不是从大到小的组合，下面的第一个眼斑特别小，和我以前看到的野外个体和标本都有差异。

时间过得很快，不知不觉我在烈日下拍摄了一个多小时，直到一只不漏地拍完了现场所有蝴蝶，才发现自己出现了轻微的头痛和头晕，这是即将中暑的预警信号。赶紧撤退到阴凉处，补水、吃干粮，闭目养神，手机播放古琴曲帮助静心调息。

半个小时后，感觉神清气爽，但我不敢再往溪谷上方穿行，因为回程还需要一个多小时。此时，天上出现薄云，利用这难得的时机，我收拾东西返程。

在薄云的掩护下，相对轻松地走完了溪床，回到有树木的小道上。前面，出现了一只黑黄相间的蛱蝶，偏大的体形引起我的注意。它在崖上来回飞了好几趟，终于落在小道一侧的空地上，跟着它一路小跑的我赶紧按下快门。其没有再给我机会，只停留了几秒钟就飞走了。

回放照片，这还真不是普通的黄环组成员，前翅中室的色带有特别的弯曲，太眼熟了，这不是孤斑带蛱蝶的雌性吗？确认本尊后，我吃了一惊——没想到偏爱热带的此蝶竟然出现在黔北，彻底刷新了我的认知。

想起早晨错过的疑似铠蛱蝶的陌生蝴蝶，更懊恼了，要是没错过，这半天不就增加了 3 项物种新分布记录吗？每增加一个数字，就意味着增加了一种新的色彩方案、一种陌生的美感，甚至夸张一点说，增加了一条通向新世界的道路，因为美是可能为你重新定义一切的。

想着想着，突然转念又想到，蛱蝶活动区域不算太大，它出现在餐厅门外时应该是今天的第一飞，那它栖息处必在附近。餐厅是双河谷最宽阔的地带，所以不太可能是两边山上下来的，餐厅一侧的竹林和柳树，很可能就是其藏身之处。

白裳猫蛱蝶

拟斑脉蛱蝶

拟斑脉蛱蝶

　　回到双河客栈，我直接去了餐厅，把竹林和柳树挨个搜索了一遍，并无它的踪影。

　　这时，桥对面的石护栏上出现了一只小巧的蛱蝶，不是目标蝶，我犹豫了一下，没忍住好奇心，过桥察看，原来是一只残锷线蛱蝶，比6月份过来见到的同类更完整，可惜它立于阴影中，拍到的照片差点光线。

　　我重新寻找角度的身体位移惊动了它，它迎着我飞来，绕飞一圈，就往一棵柳树上去了。只要蝴蝶迎着你飞来，绝大多数时候不会再落，这只是它们离开时的好奇或示威。

　　仰着脸，我想在浓密的树枝里找到它。视线来回扫描，当扫描到树干上时，我如遭电击，不由得全身一激灵——就在分泌着汁液的树干上，

巴黎翠凤蝶

迷蛱蝶

孤斑带蛱蝶（雌）

残锷线蛱蝶

娜迦黛眼蝶

竟然有三只蛱蝶，其中一只正是我早晨错过的铠蛱蝶。而且，它远离另两只，独自侧立于较高处，翅膀反面上的细节清清楚楚。

我尽量平静地举起了相机。

铂铠蛱蝶

　　这是一只铂铠蛱蝶，在重庆和贵州都是极难见到的蝶种，本地的蝴蝶名录又增加了。

　　回房间冲了个凉，看着窗外仍旧有阳光，我忍不住又提着相机出来闲逛。在双河客栈，你随时有可能遇到神奇之物。要是有阳光，这种可能性就更大。

　　逛到荷花池，除了前一天见到的蝴蝶，还增加了几只翠蛱蝶，可惜都有点残。

　　继续闲逛，走到水池一角时，莲花旁的小动静引起了我的注意，伸着脖子一看，那里竟然是长尾黄蟌的集体婚礼现场，不过，已是尾声，它们显然已经完成交配，进入了产卵环节。足足有 5 对在那里以精彩的杂技姿势产卵：雄性以尾部为支点竖立于空中，雌性则努力把腹部弯曲着插进水里。它们轻盈的动作充满美感。

　　哪里都不去了，我找了块石头坐下来，聚精会神地观赏着这水面上的即兴舞蹈，任凭时间流逝。

长尾黄螅

长尾黄螅产卵

06

四面山 寻蝶记

一

　　大娄山脉的四面山，适合观赏蝴蝶的线路很多，近几年我比较喜欢的是大洪海景区的长岩子步道。

　　这条路可以从大洪海码头一直徒步到长岩子管护站，进入简易公路后继续向前，然后视体力状况折返，会经过各种各样的植被区域。在管护站附近，还有两条支路：一是过桥上岛，岛上树林茂密，除了蝴蝶还能看到种类丰富的蜻蜓；二是经申请批准可进入禁区上山，直抵珍珠湖后折返，这是一条宝藏小道，我曾一天在此拍到7种没见过的蝴蝶。

去的次数多，集中在六七八三个月，就有意识地想填充月份上的空白。

五月初，我在珍珠滩一带徒步半天，一无所获，只目击一只橙黄豆粉蝶，就改变了计划，决定用半天时间快刷长岩子步道。

12点左右，进入树林，在右侧有溪水的段落稍作停留，眼前不禁一亮，一只漂亮的螅挂在阳光照不到的阴影里，注意到它的黄色肩前条纹后，我更开心了。还是这条道好，刚进来就见到相当罕见的黄肩华综螅，以一个物种独占华综螅属一个属，当然特别。

路上有秀蛱蝶、耶环蛱蝶等，我没有花时间纠缠，大踏步向前，一个多小时里，目击蝴蝶5种，比上午略好。

看来还没有进入蝴蝶最佳观赏时期，我干脆进了管护站，泡好茶和护林员们谈天说地。一只新鲜的大二尾蛱蝶也加入了我们的聊天，在院内快速飞行，却无停留之意，我只好把伸向相机的手默默收回来，就像什么也没发生。

继续徒步，在简易公路上终于看到了凤蝶，这是一只红基美凤蝶，逆光里我放低机位以充分展现它前后翅

长岩子步道

红基美凤蝶

反面的红色斑纹——它们仿佛是某种神秘的图形文字，记录着亿万年的生命秘密，只是人类暂时无法解读。

过桥，上岛，不过百步，路边尽是灿烂黄花。蹲下来仔细看了看，不禁连连惊呼。

"认识它吗？"我尽量平静地扭头问护林员。他对我的表现有点蒙。

"不认识，但是多得很。"他咧嘴一笑，对我这没见过世面的样子，还是没忍住不屑的表情。

这种开黄花的植物，是非常珍稀的金佛山兰，即使在模式标本的发现地金佛山也非常罕见。没想到，在长岩子区域竟有连成一片的繁茂部落。观赏良久，第一时间就是把这个信息发给四面山森林资源服务中心的朋友们，请他们给予关注和保护。

　　以我对四面山的多年昆虫观察，十月观蝶差不多可能比五月初更差，就选了九月中旬，再走长岩子。

　　离开码头，走进步道，前面宽阔处白翅闪烁，让人眼花缭乱，难道是蝶群？

　　兴冲冲走过去，结果不是蝶，是蚬蝶凤蛾。此蛾酷似白蚬蝶，须看触角才能分辨（棒状触角的才是蝴蝶）。眼前是从未见过的盛况：上百只蛾在这段路上聚集、吸水，瞬间把步道变得梦幻。

黄肩华综螅（雌）

　　也有其他蝴蝶混在其中。有一只白带褐蚬蝶不惧镜头，继续气定神闲地吸食，让我随意拍摄。

　　想到这条路上曾见到山民的摩托车，很替它们担心，要是车轮辗来那就惨了。离开步道，踩着杂草绕行，尽量不打搅它们。

　　继续前行，有一种错觉，仿佛不是秋天，而是春夏交替的最佳时节，因为一路见到的蝴蝶翅膀都很干净、完整，要说区别，那就是九月的蝴蝶似乎更容易接近，我趁机一

金佛山兰

蚬蝶凤蛾

蚬蝶凤蛾群聚

白带褐蚬蝶

边拍一边调整参数，尽量表现出这些常见蝴蝶的最美状态。素饰蛱蝶后翅的蓝白色斑、彩斑尾蚬蝶突尾的小白边、玉带黛眼蝶后翅反面的紫色纹线都成为重点呈现的细节。

不知道和前几天的雨水是否有关，步道上有晒干的蛇蛙，它们是蝴蝶最喜欢的。一只华西黛眼蝶，就和几只蚬蝶凤蛾共享一只蛙，吸得天昏地暗，对外界几无反应。

走到一片马尾松林里，路边的松针上出现了一头黑乎乎的蜘蛛，看着和环境很不协调。蹲下来看了一会，似乎是之前见过的锥螯蟷，在土里建巢穴，穴口有盖，有昆虫路过时，会被它们突然从里面掀开盖子拖进去。

它为什么弃穴裸奔？正在我困惑之时，就见一只蛛蜂俯冲而至，弯曲尾部就是一针。一击而中，蛛蜂瞬间弹开，退到一边观察蜘蛛动静。

素饰蛱蝶

樟牙菜

斑叶兰

　　被刺后的蜘蛛一阵暴走，动作逐渐迟缓，最后栽倒，八只粗黑的足在空中微颤。蛛蜂见状才扇着翅膀靠近，拖着自己的猎物慢慢撤退。

　　对这种巢穴里的阴险猎手，蛛蜂有降维打击的能力，它们会在洞口闹出动静，引诱锥螳蟷开门，然后进行攻击。即使它们弃巢出逃，仍然跑不脱被

锥螳蟷

蛛蜂俯冲而至

麻醉后的蜘蛛被蛛蜂拖走

彩斑尾蚬蝶

玉带黛眼蝶

华西黛眼蝶

绿弄蝶

黛眼蝶

猎杀的命运。

观看完这场微型战斗，起身继续寻蝶，在去珍珠湖的禁区小道上，幸运地碰到了绿弄蝶。这段石板路上仍有雨水，它吸得很专注，浑身鳞片闪耀着金属般的光彩，后翅臀角有带黑点的橘红色斑。访花的绿弄蝶，来回乱窜，很难拍摄，还是吸水时最方便观赏和拍摄。

时间已过下午3点，树林里光线已变暗，走了几百米，没有发现别的蝴蝶，倒是看到一株正在开花的斑叶兰。想起一年以前，在此和几位女护林员交流，有一位给我看过手机里的斑叶兰图片，没想到竟然是九月开花。

返程时，阳光没了，树林里很暗，感觉一切都变了，路也不是上午进来时的路，连蚬蝶凤蛾都看不到了。

一边走，一边决不放弃地努力睁大眼睛，搜索着道路两边。以我的经验，这样的昏暗里仍然有机会偶遇眼蝶。

长岩子的丛林奖励了我的不放弃，在最后一片林子，安排了一只黛眼蝶立于蕨叶之上，它如此光彩夺目，仿佛自带光芒。

在长岩子步道和护林员交流

二

以飞龙庙为起点经大窝铺管护站再往前延伸的观蝶线路，是四面山的最佳线路，没有之一。

大窝铺作为四面山自然保护区的核心区，不是没有原因的。在这条线路上连续自然观察20多年，发现一个很奇特的现象：翻越最后一座山穿过洞顶挂满蝙蝠的山洞之后，一切会有明显的不同，仿佛经历一次穿越。

眼前的五月初就是这样，在飞龙庙的天然公路至大窝铺，我没有发现一只蝴蝶。但几分钟后的大窝铺管护站，阳光还没照下来，已能看到

白点白蚬蝶

粉条儿菜开花了

树蛙的卵泡

树蛙的蝌蚪在向溪水滚
落的路上被拦路截杀

蝶来蝶往，同样的温度和天气，物种状态却完全不同，非常神奇。

这些蝴蝶已经在高处吸收阳光完成"充电"，即将卜地吸水或访花。我在管护站附近跑来跑去，屋后的菜地和竹林、溪边小路、石桥，挨个检查了可能出现蝴蝶的点位。只有熟悉的蝴蝶，没有特别的目标，我拍了一只白点白蚬蝶，就招呼同伴进峡谷了。

耶环蛱蝶　　　　　　　　娜巴环蛱蝶

大窝铺线路的规律是，从管护站开始，越走得远，你能看到的物种就更多、更好。

五月朝阳里的徒步实在太美好了，野花、蝴蝶、鸟鸣不仅自始至终在你的附近，还占据了你的视觉、嗅觉和听觉，它们强迫你变得单纯、再单纯。

连普通的野草也进入了一生中的奇异时刻，我用了几分钟欣赏一株正在开花的粉条儿菜——逆光里，它的每个花朵都像是白色的吊钟，有着我们听不见的微弱钟声。

10点，到达碾盘，这是观赏蝴蝶的极佳点位，大家放下背包，以此为圆心四处搜索。我的工作稍有不同，沿溪收集死去的溪蟹，把它们放在阳光充足的石头上，再一阵泼水。

15分钟后，在附近拍了几只环蛱蝶的我，信心十足地回到这里，果然看见蓝凤蝶、碧凤蝶和几只灰蝶来了。灰蝶看上去都是妩灰蝶属的，有可能都是珍贵妩灰蝶。

在不远处飞来飞去的一只灰蝶似乎体形略大，引起了我的注意。稍

安灰蝶   福建锯灰蝶

稍靠近，蹲下观察，果然不是凡物，它扑腾的正面翅膀闪烁着暗蓝色的金属光，这在本地灰蝶里极为少见。

贵客来了！我举起相机，以它盘旋处的石头为参照预先完成了对焦，在仅有的一两秒落足停留时按下快门。如是数次，终于拍到了一张清晰的照片。

和安灰蝶的偶遇前后不到三分钟，差不多算擦身而过，还好我反应足够快，得到了能看清细节的记录。

午后，我们开始往回走，这个季节峡谷里下午四点就会阳光全无，而管护站比较开阔，那里还有机会。

回程，在山崖青苔间发现一个树蛙的卵泡，恰好正处在孵化完成的时候，一只只蝌蚪相继挣脱卵泡，往下面滚落，只有少数能到达路边的浅水里，多数困于中途，还有一些遭遇蚂蚁的截杀。伙伴们围着卵泡拍摄照片、视频，记录精彩的现场，不舍得走，我只好先独自离开了。

阳光最后笼罩的区域，是管护区的屋后菜地，我通常会在这里独自蹲守，因为迷恋阳光的蝴蝶们会在这里停留。

重光矍眼蝶

　　黄昏前的蹲守价值太高了，就在一个多小时的蹲守里，收获甚至超过了白天的其他时段。我首次拍到了福建锯灰蝶和重光矍眼蝶，都是在本地极难见到的珍稀蝶种。

　　说是菜地，其实周围的石壁上还隐藏着不寻常的物种。在护林员的帮助下，我得以见到仍处于花期的美丽独蒜兰，据他介绍，大窝铺深处的土湾管护站石壁上更多，开花时能连成片。

　　一周之后，重刷大窝铺线路，小道两边已发生微妙变化。

　　革叶猕猴桃、竹根七、七叶一枝花齐齐开花……野花远比几天前的热烈和浓郁。蜻蜓种类和密度都有增加，它们的翅膀闪烁在溪边和半空中。

　　我关心的蝴蝶，也换了一批，二尾蛱蝶、柳紫闪蛱蝶、蓝斑丽眼蝶等成了碾盘附近的主角。昆虫种类更是大量增加，徒步中连续拍到了突眼蝇、红眼蝉等明星物种。

　　特别令我惊讶的一次偶遇，发生在碾盘附近。有一处水洼水面全是落叶，我路过时落叶有不寻常的震动，于是停下打量，以为有蛙类在下面活动。突然，落叶中窜出一条蛇，从水洼扑进水沟，吓得我连退几步。看清是无毒蛇后，我哑然一笑，举起相机拍摄。

这是一条乌华游蛇，应该是在落叶下面捕食蝌蚪结果被我惊动了。它倒不怯生，迎着镜头好奇地溜过来，直到出了水沟，全身暴露在略有积水的路面上。发了一阵呆，它才慢悠悠地先进了水沟，再钻进草丛，向坡上迅速游去。

此番大窝铺之行蝴蝶方面的收获，和上次刚好相反，大窝铺内无重要收获，而在飞龙庙附近，却首次拍到了暖曙凤蝶。

美丽独蒜兰

突眼蝇

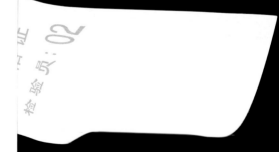

进峡谷的小路，这一段蝴蝶特别多

红眼蝉　　　　　　　　乌华游蛇

革叶猕猴桃

当时，它在溪中一乱石岛上吸水，隐身于一堆碧凤蝶、蓝凤蝶中，红色的腹部暴露了其身份，我赶紧远远地拍了一组。曙凤蝶属，我国已知3种，在重庆仅此1种，数量极为稀少。

七月，是四面山观蝶的大好时光，我和同行们再进大窝铺，这次的计划是扩大搜索范围，比如上插旗山寻找翠蛱蝶，以碾盘为起点往峡谷深处走（盛夏的优势是峡谷里光照时间长）。

插旗山的小路既陡而险，我们用了一个小时爬到山顶附近，还算顺利。但运气不佳，进入目标翠蛱蝶的活动区域后，才发现山风阵阵，树叶哗哗作响，偶尔见到的蝴蝶被吹得东倒西歪，根本无法寻蝶。

别无选择，只好悻悻下山。

拟稻眉眼蝶

大二尾蛱蝶

大二尾蛱蝶

暖曙凤蝶

　　独自在管护站附近逛了一圈，发现蝴蝶真多，半个小时见到不少难得的蝴蝶：李斑黛眼蝶、蔼菲蛱蝶、颠眼蝶，都没得到靠近拍摄的机会，但我像打了强心针，感觉自己不像是爬了两个小时山，而是处在清晨刚起床的神清气爽中。

　　匆匆吃完午饭后，我们快步向碾盘方向走去。

　　在进峡谷前的小道路口见到了金灰蝶，刚过小桥又看到停在路中的玳眼蝶，都不是凡物，伙伴们很兴奋。我却有点挫折，两只蝴蝶都没拍到。今天的好蝴蝶全错过了，只拍到常见的黄豹盛蛱蝶和匪夷捷弄蝶。

　　过碾盘，进悬崖小道，踏水过溪……一路前行，来到溪水对面后，我的好运终于重新附体。连续发现两只罕见的灰蝶，都很顺利地拍到了满意的照片。

在大窝铺观察蝴蝶

匪夷捷弄蝶

陈氏青灰蝶

在灌木中发现的玛灰蝶，是极低调的家伙，正面有着耀眼的紫蓝色斑，反面却形同枯叶，后翅也如同枯叶一样有着弯曲的边缘。

在树枝上发现的青灰蝶，即使对蝴蝶爱好者也比较冷僻，此属我国记录 4 种，综合资料分析重庆应该有 2 种，我拍到的是其中的陈氏青灰蝶。

回程时，再次见到玳眼蝶，几乎是之前同样的位置，我在已经昏暗的光线中拍到了正反面。

管护站附近，一棵树上长满了乌敛莓，夕阳的光线投射在上面。走到树下，我震惊了，赶紧呼唤伙伴们。十几只颠眼蝶，就在树冠上起起落落，吸食花蜜。

"怎么会这么多！"一个酷爱蝴蝶的伙伴也震惊了。

只是，树冠太高，我们都够不着。

"既然这么多，今天晚上我带你们拍。"我看了看四周的环境，很有把握地说。

"晚上？"大家一脸困惑。

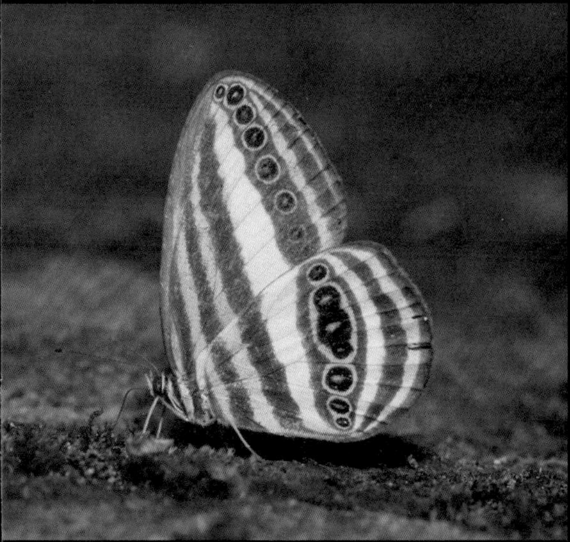

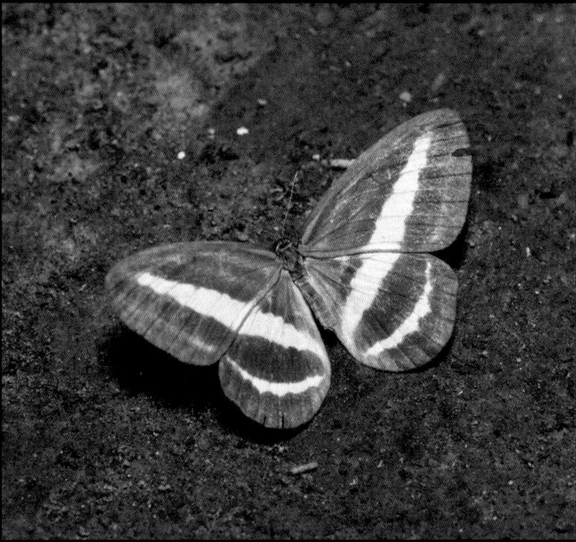

玳眼蝶

玳眼蝶

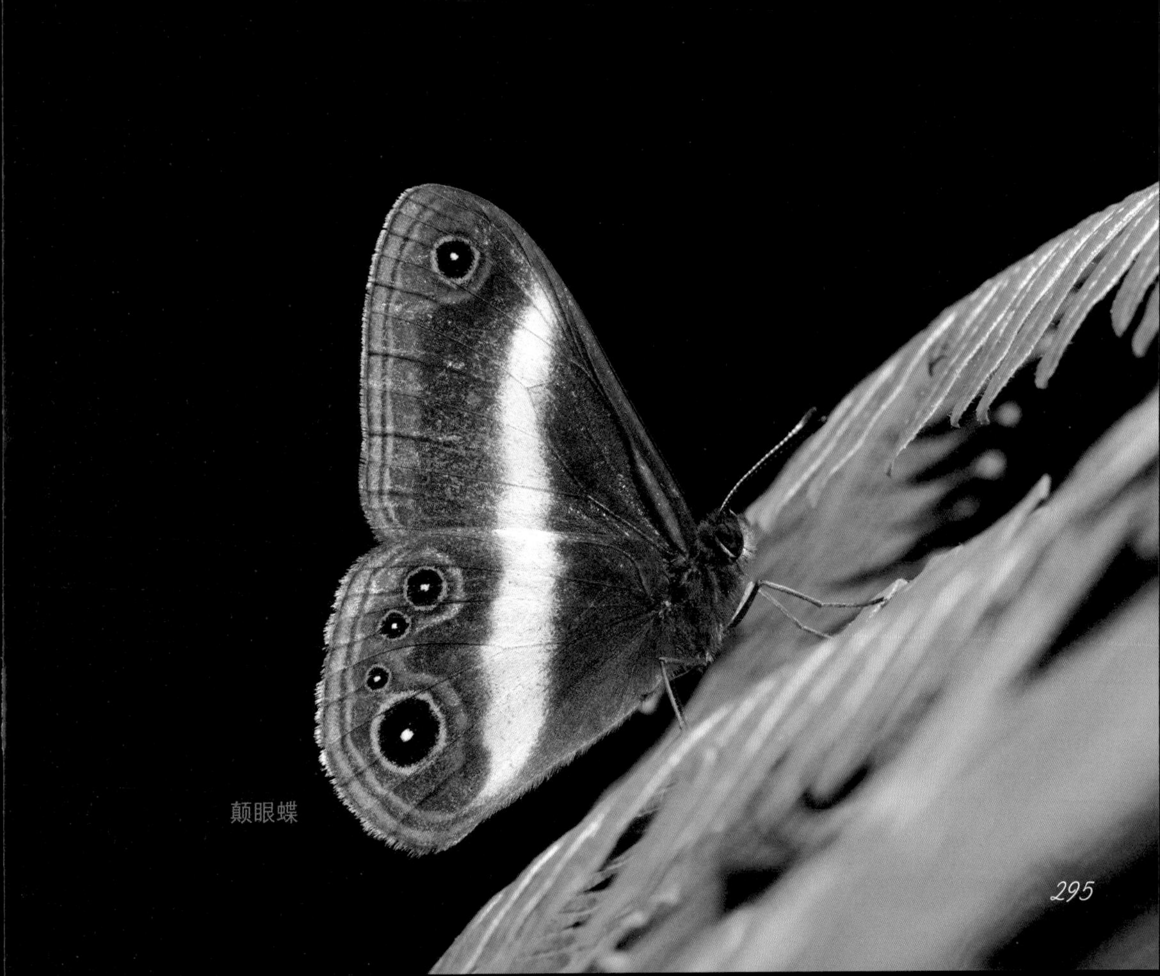

颠眼蝶

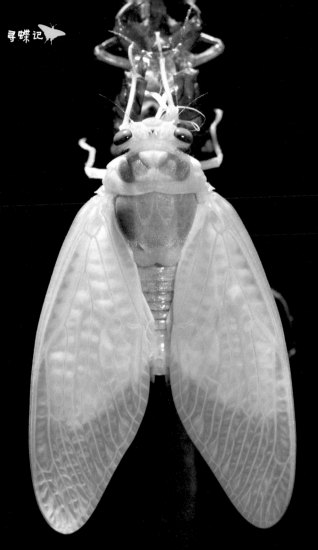

羽化中的胡蝉

这棵树的上方，正是上午我们爬山的悬崖山道。蝴蝶们总是到高处过夜，我分析有两个原因：一是更安全，二是清晨能更早地接触到阳光。

晚上，几根手电筒光柱在山道上扫着，大约半个小时后，我就在蕨叶下面发现了颠眼蝶，它倒挂在那里一动不动。

在相机、手机和手臂的惊动下，它只是从叶背移动到了叶面，又一动不动了。复眼里一片漆黑，能往哪里去呢。

"原来，晚上还真能找到蝴蝶，我一定要找一只出来！"年轻的同行爱上了这个新技能。

接下来的时间里，他还真找到一只草丛里的旖弄蝶，洋洋得意。

我找到的东西更有意思——一只刚完成羽化的胡蝉。我见过蚱蝉、螳蜙的羽化，它们的翅膀刚伸展开时是透明的，而胡蝉的新翅像是半透明的玉，上面带着浅黄的脉络，边缘有浅蓝的线，美得不可方物。

三

　　四面山的水口寺景区，有好几条可以徒步观赏蝴蝶的线路。难度比较大的是以水口寺瀑布底部为起点的十里峡谷，往前走太远，折返时要登高数百米，对体力要求比较高。

　　比较休闲的是以朝源观管护站为起点的公路或步道，蝴蝶多，景色宜人，不过其中有些路段涉及保护区禁入区，需要申请得到批准才行。

　　在几次试走后，我选择的是以鸳鸯瀑布观赏点为起点沿公路一直向前，直到公路变成小路，小路变成山道，然后视体力折返，我的最长折返点约5公里。这条路还有几条宝藏级的支路，比如过鸳鸯瀑布观赏点后右转下坡再上山的山路，比如上朝源观的山路，等等。

鸳鸯瀑布是由两处瀑布构成，此为其中之一

五月下旬的时候，我曾在这条线路的起点附近，来来回回，几乎泡了一个整天，发现还真是一个蝴蝶通道，特别是右转下坡后的垭口处，过路的蝴蝶极多。蝴蝶们从林中出来，沿着溪水经过这里，翻越垭口，再往下进入深沟。探头看了一下，深沟里就是十里峡谷。

在路边的林子里，我目击了至少三种矍眼蝶。矍眼蝶家族彼此相似，区别起来相当困难。我是最近一年才学习矍眼蝶的分类特点，需要积累材料，所以一种也不舍得放过，和它们在没过膝盖的草丛里捉了整整一个小时的迷藏。太难了，只拍到其中一种的正反面，再结合分布等因素确认为密纹矍眼蝶。

我选了500米范围公路循环往返，先后见到娜巴环蛱蝶、司环蛱蝶、东方带蛱蝶、银灰蝶等，确认种类后我没有花时间去追。

这天上午多云，午饭后阳光强烈，垭口处过路的蝴蝶增多，有些也会停下来逗留一番。我就不再远走，猫在树阴里蹲守这个黄金通道。先后看到黛眼蝶、二尾蛱蝶等七八种蝴蝶停留。

六点带蛱蝶

密纹矍眼蝶

密纹矍眼蝶

玛环蛱蝶

　　不一会，等来了一只传说中的蝴蝶。反面看上去有点像大号的环蛱蝶，但后翅中域的白斑纹粗而弯曲，它在远处的泥土上稍作停留，即展翅飞起。从树下走出来的我，正好看到它的正面——前翅两个白斑，后翅一个更大的横向白斑。终于见到六点带蛱蝶了，我忍不住跟着它跑了几步才停下，眼睁睁看着它翻过垭口，往谷底而去。

　　之后，路过的蝴蝶少了，我退回树阴，沿着小道往前走，拍了些昆虫，一个多小时后才回到垭口，感觉还没有进入观察眼蝶的好季节，这一趟只看到一只玉带黛眼蝶。

　　下午3点多，又有一只黄黑相间的环蛱蝶驾到，正是我感兴趣的黄环组，它不像其他蝴蝶只是路过，先在草丛里略作停留就飞到了石堆里，津津有味地吸食起来。前翅亚顶角的黄斑发达，几乎连在了一起，后翅靠近臀角的黄色横带较粗，这样就足以区别其他特征接近的蛛环蛱蝶了——眼前是我再次见到的玛环蛱蝶，上一次可没有这么好的机会如此

赭灰蝶

玛环蛱蝶

溪蛉

接近。

　　七月中旬的一个清晨，我驾车和伙伴们在水口寺左转上山，直奔朝源观方向，刚出隧道口我就靠边停车了——公路左边灌木丛里出现了一只黄色灰蝶，比常见的彩灰蝶属种类大。

　　"工灰蝶吗？"一个同伴也注意到了。

　　"我也希望是。"我一边下车一边说。

　　反面前后翅黄色，翅外侧有橙色带，靠近尾突有黑色斑点，确实有点像工灰蝶属的，但工灰蝶属的没这么大呀。等拍到清晰的照片后，我们发现原来是赭灰蝶，分布广泛但在重庆还比较少见。我曾于五月下旬在四面山见过，那时应该刚出来，颜色远比这只鲜艳。

　　刚出发就见到少见的蝴蝶，大家都兴致高涨。

同行伙伴排队观赏合柱兰

朝源观山脚下记录蝴蝶

　　"我们先不看蝴蝶，带你们去看一个超美的兰花部落，应该正是开花的时节。但是你们看了不能对外泄露具体地点。"上车后，我说。

　　得到大家的承诺后，我继续开车，不久后在悬崖公路的稍宽处停下，领着他们往前步行。

　　绝壁上方，花朵清秀宛如白玉之杯，从草丛里绽放出来，每朵花下都悬挂一根细而弯曲的花距。继续往前，在略比人高的石壁上，也有白花，没有高处密集，可以凑近仔细观赏。

　　"这也太美了吧。"同伴们惊呼，排着队轮流去拍最近的一簇。

　　这个合柱兰部落我独自连续观察已有十多年，因为是绝壁上的车行道，加上另一边景色万千，很少有人能注意到它们。十多年里，它们的生长范围扩大了好几倍，花朵也更密集。现在是它初开的时候，朵朵剔透，

合柱兰　　　　　　　　　　　　崖上的合柱兰部落

光彩照人。

过了鸳鸯瀑布，我们在垭口处稍作停留，没见到特别的蝴蝶，就集体进了树阴后面的小路。

和五月份完全不同，眼蝶很多了，又以黛眼蝶、荫眼蝶为主。我看中了一只直带黛眼蝶，就没管别的，紧盯着它，目不斜视。这厮相当古怪，每次停的位置前面都有遮挡，仿佛在故意遮住部分翅膀。折腾了很久，它终于给了个面子，在小道旁的叶子上停住，前后翅都亮了出来。漂亮！我忍不住赞叹。多次拍到直带黛眼蝶，翅膀都有点残破，不能充分展现出它的魅力。这一只简直是满分。

一个年轻同伴是寻蝶高手，进入竹林后，他收拾出一根枯竹竿，伸向灌木和竹枝轻轻敲打，果然一只蛇目褐蚬蝶和一只黑斑荫眼蝶被赶了出来。众人连连称妙，不知不觉增加了一个寻蝶技能。

直带黛眼蝶

蛇目褐蚬蝶

白点褐蚬蝶

　　回到公路，继续往前开，在有人家的路口附近停了车。记得这一带的溪流边有沙滩，上午的艳阳下，那里应该有蝴蝶吧。

　　下车才走几步，远远看见那里足足有十几只蝴蝶群聚在一起，眯着眼仔细看了一下，吃了一惊："有宽尾凤蝶！"

　　只见一只白斑型宽尾凤蝶，藏身在几只玉斑凤蝶之间，但是那宽大的尾突太显眼了，隔着几十米，也被我一眼认了出来。

　　杂草很深，下到溪边很不容易，费了很大的劲才进入有效的摄影距离。这个过程中惊飞了不少蝴蝶，好在我的目标宽尾凤蝶还在。有的同伴还是第一次看见宽尾凤蝶，远远地举着相机手机拍了又拍。

　　车最后在朝源观山脚下的农舍空地停下，前面是小路了。我们已深入保护区禁区，除了之前的哨卡，这里又登记了两次，才获准继续前行。

　　这条小路从来都是蝴蝶纷飞的，可能因为连晴高温，眼前空荡荡的。唉，本来抱有希望的这一段没戏了。

　　烈日下，我们加快步伐前行，一直到管护点才稍作休息，然后继续进左边的山道，下峡谷，过桥，进入清凉的溪谷区域。

　　这里的林中步道，是翠蛱蝶最喜欢的，前面，有两只翠蛱蝶被我们

花窗弄蝶

宽尾凤蝶

溪边的蝶群角落

纷乱的脚步惊动，各自飞走，只看清楚了其中一只，很可能是锯带翠蛱蝶。

"可惜了，挺新鲜的。"我说。

"可惜了，忘了带上水果。"另一个同伴说。翠蛱蝶对水果的香味没有抵抗力，如果刚才休息时把吃剩的水果带来，对付翠蛱蝶们就容易多了。

没拍到翠蛱蝶，其他的中小型蝴蝶超多，我拍到了四面山窗弄蝶、白点褐蚬蝶、东亚燕灰蝶等。

另一个同伴，则获得了近距离观察奥倍纹环蝶的机会，在路中吸水的这一只特别胆大，还一度飞到她手臂上吸汗。

"它为什么不怕人？"

"可能是很少有人到这里吧。"

我经过他们时往回走，听到他们的这段对话。确实很少有人来，我来过两次，一个人也没遇到过。

空山幽谷，蝴蝶自在，挺好的。

奥倍纹环蝶

鸣谢

本书写作过程中，孙文浩、蒋卓衡先生鉴定了部分蝶种。张巍巍、蒋卓衡先生参与了全书的最后审定工作。著名诗人、书画家金铃子为本书题写书名。